劳动和社会保障部培训就业司推荐
冶金行业职业教育培训规划教材

井巷施工技术

主　编　李长权　戚文革
副主编　郑贵平　赵兴东　孙文武

北　京
冶金工业出版社
2008

内 容 提 要

本书为矿山企业职业技能培训教材，是参照冶金行业职业技能标准和职业技能鉴定规范，根据矿山企业的生产实际和岗位群的技能要求编写的，并经劳动和社会保障部职业培训教材工作委员会办公室组织专家评审通过。

本书主要内容包括平巷施工工艺、设备选择与维护及安全操作规程、天井各种施工方案及发展前景、竖井施工工艺及竖井延深方案、斜井断面布置、施工工艺及安全操作规程、硐室施工工艺等。

本书也可作为职业技术院校相关专业的教材，或工程技术人员的参考用书。

图书在版编目（CIP）数据

井巷施工技术/李长权等主编.—北京：冶金工业出版社，2008.3

冶金行业职业教育培训规划教材
ISBN 978-7-5024-4440-2

Ⅰ. 井… Ⅱ. 李… Ⅲ. 井巷工程—工程施工 Ⅳ. TD26

中国版本图书馆 CIP 数据核字 (2008) 第 013740 号

出 版 人　曹胜利
地　　址　北京北河沿大街嵩祝院北巷 39 号，邮编 100009
电　　话　(010)64027926　电子信箱　postmaster@cnmip.com.cn
责任编辑　宋　良　美术编辑　王耀忠　版式设计　张　青
责任校对　卿文春　责任印制　丁小晶
ISBN 978-7-5024-4440-2
北京兴华印刷厂印刷；冶金工业出版社发行；各地新华书店经销
2008 年 3 月第 1 版，2008 年 3 月第 1 次印刷
787mm×1092mm　1/16；11.75 印张；308 千字；174 页；1-4000 册
26.00 元

冶金工业出版社发行部　电话：(010)64044283　传真：(010)64027893
冶金书店　地址：北京东四西大街 46 号(100711)　电话：(010)65289081
（本书如有印装质量问题，本社发行部负责退换）

序

吴溪淳

改革开放以来，我国经济和社会发展取得了辉煌成就，冶金工业实现了持续、快速、健康发展，钢产量已连续数年位居世界首位。这其间凝结着冶金行业广大职工的智慧和心血，包含着千千万万产业工人的汗水和辛劳。实践证明，人才是兴国之本、富民之基和发展之源，是科技创新、经济发展和社会进步的探索者、实践者和推动者。冶金行业中的高技能人才是推动技术创新、实现科技成果转化不可缺少的重要力量，其数量能否迅速增长、素质能否不断提高，关系到冶金行业核心竞争力的强弱。同时，冶金行业作为国家基础产业，拥有数百万从业人员，其综合素质关系到我国产业工人队伍整体素质，关系到工人阶级自身先进性在新的历史条件下的巩固和发展，直接关系到我国综合国力能否不断增强。

强化职业技能培训工作，提高企业核心竞争力，是国民经济可持续发展的重要保障，党中央和国务院给予了高度重视。在 2003 年的全国人事工作会议上，中央再一次明确了人才立国的发展战略，同时国家已经着手进行终身学习法的制定调研工作。结合《职业教育法》的颁布实施，职业教育工作将出现长期稳定发展的新局面。

为了搞好冶金行业职工的技能培训工作，冶金工业出版社同河北工业职业技术学院、昆明冶金高等专科学校、吉林电子信息职业技术学院、山西工程职业技术学院和中国钢协职业培训中心等单位密切协作，联合有关的冶金企业和职业技术院校，编写了这套冶金行业职业教育培训规划教材，并经劳动和社会保障部职业培训教材工作委员会办公室组织专家评审通过，给予推荐。有关学校的各级领导和教师在时间紧、任务重的情况下，克服困难，辛勤工作，在有关单位的工程技术人员和教师的积极参与和大力支持下，出色地完成了前期工作，为冶金行业的职业技能培训工作的顺利进行，打下了坚实的基础。相信本套教材的出版，将为企业生产一线人员的理论水平、操作水平和管理水平的进一步提高，企业核心竞争力的不断增强，起到积极的推进作用。

随着近年来冶金行业的高速发展，职业技能培训工作也取得了巨大的成绩，大多数企业建立了完善的职工教育培训体系，职工素质不断提高，为我国冶金行业的发展提供了强大的人力资源支持。我个人认为，今后的培训工作重点，应注意继续加强职业技能培训工作者的队伍建设，继续丰富教材品种，加强对高技能人才的培养，进一步加强岗前培训，加强企业间、国际间的合作，开辟新的局面。

展望未来，任重而道远。希望各冶金企业与相关院校、出版部门进一步开拓思路，加强合作，全面提升从业人员的素质，要在冶金企业的职工队伍中培养一批刻苦学习、岗位成才的带头人，培养一批推动技术创新、实现科技成果转化的带头人，培养一批提高生产效率、提升产品质量的带头人；不断创新，不断发展，力争使我国冶金行业职业技能培训工作跨上一个新台阶，为冶金行业持续、稳定、健康发展，做出新的贡献！

前　言

本书是按照劳动和社会保障部的规划，受中国钢铁工业协会和冶金工业出版社的委托，在编委会的组织安排下，参照冶金行业职业技能标准和职业技能鉴定规范，根据矿山企业的生产实际和岗位群的技能要求编写的。书稿经劳动和社会保障部职业培训教材工作委员会办公室组织专家评审通过，由劳动和社会保障部培训就业司推荐作为冶金行业职业技能培训教材。

目前，我国矿山企业发展很快，急需一大批具有高素质的采矿工作人员来从事采矿一线生产工作。为适应矿山的发展，提高矿山工作人员的整体素质已迫在眉睫，根据矿山近些年发展变化，依据矿山企业职工培训的实际需要，我们在总结多年来培训教学工作经验的基础上，编写了本书。

本书由吉林电子信息职业技术学院李长权、戚文革任主编，吉林电子信息职业技术学院孙文武和东北大学郑贵平、赵兴东任副主编，参加编写工作的还有吉林海沟黄金矿业有限公司马金良、吉林板石沟矿业有限公司杨举、吉林夹皮沟黄金矿业有限公司曲长辉、赞比亚谦比西铜矿连宝峰。全书由东北大学孙豁然、吉林昊融集团赵江、吉林海沟黄金矿业有限公司马金良主审，李长权汇总定稿。

在具体内容的组织安排上，依据我国矿山企业的现场实际，突出技术工人应用能力的培养，力求少而精，通俗易懂，理论联系实际，着重应用。该书对培养重技能和操作为主要目标的采矿专业高职高专师生、现场从事采矿工作的技术人员、技工学校师生也有参考价值。

本书在编写过程中引用了大量的文献资料，谨向文献作者和出版单位致以诚挚的谢意！

由于我们水平有限，书中或有不足之处，诚请读者批评指正。

编　者

2007 年 9 月

目　　录

1 平 巷 施 工

1.1 井下工作安全守则

(1) 入井人员，必须经三级安全教育培训合格取得岗位安全操作资格证书。

(2) 井下作业人员上岗前必须进行体检，凡国家规定井下禁忌的病人不得从事井下作业。

(3) 入井人员必须按规定配戴齐全劳动防护用品。

(4) 入井前必须检查所有装备，如矿灯、护背甲等。

(5) 入井人员严禁喝酒，严禁在作业场所打闹。

(6) 井下作业现场人员不得少于2人，并指定一人负责安全。

(7) 严禁破坏井下设备、设施，不得操作本岗位以外的设备。

(8) 实行劳逸结合，保证员工有适当的休息时间，严禁超长时间作业，防止过度疲劳。

(9) 井下出现险情时，作业人员有权先停止工作，及时报告有关人员。

(10) 井下发生事故时，作业人员有责任在力所能及的情况下进行抢救，并保护好现场，及时报告有关人员。

1.2 平巷断面形状与尺寸的确定

地下开采的矿山，无论是建井时期还是生产时期，井巷工程占有很重要的地位。在新建矿山的大量井巷工程中，巷道掘进的工程量最大，其速度快慢直接影响到矿山的投产时间；在生产矿山，为了保证三级矿量平衡和实现高产，开拓、探矿、采准切割的巷道工程量也是很大的，一般中型矿山每年的井巷工程量都在万米以上。因此，不断提高平巷掘进速度，确保施工质量，对促进矿山生产建设的发展具有十分重要的意义。

1.2.1 平巷断面形状的选择

矿山平巷的种类很多，诸如平硐、石门、阶段运输巷道、回风平巷、电耙道、出矿通道等。这些平巷的断面形状和尺寸，有的只根据某一主要因素（如矿车尺寸、出矿设备等）进行确定，其方法比较简单，而有些平巷，如平硐、石门、阶段运输平巷等主要巷道，则需要根据多种因素确定断面，其方法比较复杂。

1.2.1.1 断面形状

金属矿山常用的平巷断面形状是梯形和直墙拱形（如半圆拱形、圆弧拱形、三心拱形等，简称拱形）。在特殊条件下，也有采用梯形、多角形、马蹄形、椭圆形的，如图1-1所示。

1.2.1.2 断面形状选择时主要考虑的因素

A 地压大小

梯形或方形断面仅适用于巷道顶压和侧压均不大时；而拱形断面则适用于顶压较大、侧压较小时；当顶压侧压均大，可采用曲墙拱形（把墙也做成曲线形，如马蹄形）；当顶压侧压均

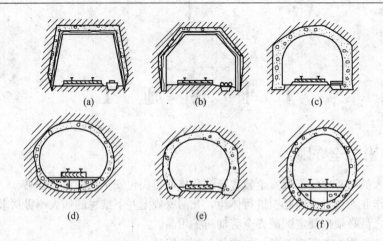

图 1-1　巷道断面形状

(a) 梯形巷道；(b) 多角形巷道；(c) 拱形巷道；

(d) 圆形巷道；(e) 马蹄形巷道；(f) 椭圆形巷道

大，同时底鼓严重时，就应采用封闭式（带底拱的马蹄形、椭圆形或圆形）断面。在巷道围岩坚固稳定、地压和水不大、不易风化的岩层中，可采用不支护的自然拱形断面（设计时按圆弧拱或三心拱考虑）。

B　巷道的用途及服务年限

巷道的用途和服务年限往往决定了选用何种支架材料。通常服务年限长达数十年的主要开拓巷道，其断面形状以选用拱形为好，与其相应的支架材料，常用混凝土或喷锚支护；服务年限 10 年左右的采准巷道，断面仍采用拱形或梯形，目前多用喷锚支护；服务年限很短的回采巷道，由于有动压，须用可缩性支架，其断面形状常用梯形或矩形，材料常用木材和钢材，另外此类巷道也有采用锚杆支护的。

C　支护材料与方式

支护材料与方式也直接影响断面形状的选择。木材和钢筋混凝土棚子，仅适用于梯形和方形断面；砖、料石、混凝土与喷射混凝土，多适于拱形断面；而金属棚子和锚杆可适于任何形状的断面。

D　巷道掘进方式

巷道的掘进方式，对于巷道断面形状的选择也有一定的影响。目前巷道施工主要采用凿岩爆破方式，它能适应各种断面形状。由于光面爆破、喷锚支护的广泛使用，拱形断面中的三心拱断面多被圆弧拱断面所代替，以简化设计和有利于施工。采用全断面掘进机掘进巷道所形成的只能是圆形断面。

E　通风阻力

在通风量大的矿井中，选择通风阻力小的断面形状（曲线形）和支护材料也不应忽视。

上述五个因素密切相关，前两个因素起主导作用，但在实际应用中一定要综合考虑，合理选择。

1.2.2　平巷净断面尺寸的确定

不同用途的巷道，其断面尺寸的确定方法也不同。大多数巷道，依据通过巷道中运输设备的类型和数量，按《冶金矿山安全规程》（以下简称安全规程）规定的人行道宽度和各种安全间隙，并考虑管路、电缆及水沟的合理布置等来确定净断面尺寸。然后用通过该巷道的允许风速来校核，合格后再选择支护形式及结构尺寸，绘制施工图（图1-2）和工程量表。

专为通风或行人用的巷道断面尺寸，只要满足通风或行人的要求即可。为减少平巷断面规格的类型和数量，往往按净断面的要求，选择标准断面即可，如需设计可按设计程序进行。

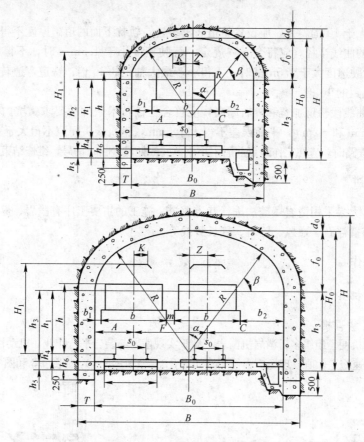

图1-2　三心拱巷道断面尺寸图

1.2.3　道管工安全操作规程

（1）作业前必须检查处理一切不安全因素，确认安全后再作业。

（2）搬运、铺设、安装、维修道管时，切勿触及机车架线，并应注意来往车辆、行人和周围人员的安全。

（3）风管路和水管路（简称风水管路）的架设应于井巷一侧。水平巷道管子与电缆平行铺设时，管子应在下部，与电缆相互距离不小于0.3m。竖井架设风水管路时，应隔一定距离使用托管，并全部使用对盘接头，管夹必须固定好。天井安装风水管路时，禁止人员上下，作业前必须清除井框毛石，上下运输工具管子材料时，必须联系好，工作台板必须牢固。

（4）安装风水管路必须牢固，以免振动脱落伤人。

（5）接换风水管路必须先停风、水后再进行。接管时严禁面对管口，防止被风、水击伤，接好后先用风吹出（水冲出）管内杂物，再接上风、水阀门。

（6）保证工作质量，风水管不漏风水、不脱扣、不落架、不放炮，发现有损坏情况应及时处理。

（7）割、焊管道时，须严格遵守焊工安全技术操作规程。

（8）经常检查轨道和道岔，发现有变形、损坏以及道夹板和螺栓松动时，及时维修调整，除掘进时的临时活道外，所有道岔必须安装扳道器。

（9）永久性铁道应随巷道掘进及时敷设，临时性铁道的长度不得超过 15m。永久性铁道路基应铺以碎石或砾石道碴，轨枕下面的道碴厚度应不小于 90mm，轨枕埋入道碴深度应不小于轨枕厚度的 2/3。

（10）倾角大于 10°的斜井，应设置轨道防滑装置，轨枕下面的道碴厚度不得小于 50mm。

（11）铁道的曲线半径，应符合下列规定：行驶速度小于 1.5m/s 时，不得小于列车最大轴距的 7 倍；行驶速度大于 1.5m/s 时，不得小于最大轴距的 10 倍；铁道弯道转角大于 90°时，不得小于最大轴距的 10 倍。

（12）铁道曲线段轨道加宽和外轨超高，应符合运输技术条件的要求。坑内铁道的轨距误差不得超过 +5mm 和 -2mm，平面误差不得大于 5mm，钢轨接头间隙不得大于 5mm。

（13）维修线路时，应在工作地点前后不小于 80mm 处设置临时信号，维修结束后应予撤除。

1.3　平巷掘进

金属矿山，大多采用凿岩爆破法进行巷道掘进。施工的主要工序有凿岩、爆破、装岩和支护；辅助工序有撬浮石、通风、铺轨、接长管线等。

1.3.1　凿岩工作

1.3.1.1　凿岩机具

A　气腿式凿岩机

气腿式凿岩机便于组织多台凿岩机凿岩，易于实现凿岩与装岩平行作业，机动性强，辅助时间短，利于组织快速施工，所以现场广为使用（如 YT-23、YSP-45 等），如图 1-3 和图 1-4 所示。

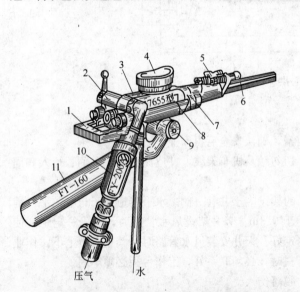

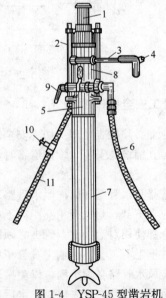

图 1-3　YT-23 型（原名 7655）凿岩机外貌图
1—手把；2—柄体；3—缸体；4—消声罩；
5—钎卡；6—钎子；7—机头；8—长螺杆；
9—联结套；10—自动注油器；11—气腿

图 1-4　YSP-45 型凿岩机
1—机头；2—长螺杆；3—手把；4—放气按钮；
5—柄体；6—风管；7—气腿；8—缸体；9—操纵
阀手柄；10—水阀；11—水管

巷道掘进中，凿岩工作占用的时间较长。为了缩短凿岩时间，采用多台凿岩机同时作业是行之有效的措施，特别是在坚硬岩层中掘进时，效果尤为显著。

工作面同时作业的凿岩机台数，主要取决于岩石性质、巷道断面大小、施工速度、工人技术水平以及压风供应能力和整个掘进循环中劳动力平衡等因素。当用气腿式凿岩机组织快速施工时，一般用多台凿岩机同时作业。凿岩机台数可按巷道宽度确定，一般每 0.5~0.7m 宽配备一台。

为避免多机凿岩工作时，工作面附近风水管过多造成的混乱现象，须设置分风、分水器，合理布置风水管路，如图 1-5 所示。

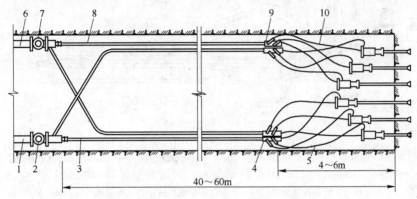

图 1-5 工作面风、水管路布置

1—压风干管；2—压风总阀门；3—集中供风胶管；4—分风器；5—供风小胶管；
6—供水干管；7—供水总阀门；8—集中供水胶管；9—分水器；10—供水小胶管

B 凿岩台车

凿岩台车可以配用高效率凿岩机，能够保证钻眼质量，提高凿岩效率，减轻劳动强度，实现凿岩工作机械化，适合钻较深的炮眼，故已在金属矿山推广使用。但它不如气腿凿岩机灵活、方便，辅助作业时间也较长。图 1-6 所示为 CGJ-2 型台车结构示意图。

1.3.1.2 凿岩工安全操作规程

(1) 工作以前必须做好安全确认，处理一切不安全因素，达到无隐患再作业。检查有无炮烟和浮石，做好通风排烟工作，撬下顶帮浮石，防止炮烟中毒和浮石落下伤人。有支护的地方要检查支护有无变化，发现变化及时采取措施维护和处理，保证作业环境安全稳固。对现场作业环境的各种电器设施要首先进行安全确认，防止漏电伤人。

(2) 上风水绳前要用风水吹一下再上，必须上牢，防止松扣伤人。

(3) 开机前先开水后开风，停机时先闭风后闭水；开机时机前面禁止站人，禁止打干眼和打残眼。

(4) 打完眼后，应用吹风管吹干净每个炮眼，吹眼时要背过面部，防止水砂伤人。

(5) 浅孔凿岩：慢开眼，先开半风，然后慢慢增大，不得突然全开以防断杆伤人。打水平眼时两脚前后叉开，集中精力，随时注意观察机器和顶帮岩石的变化。天井打眼前，应检查工作台板是否牢固，如不符合安全要求应停机处理，安全后再作业。

(6) 中深孔凿岩：经常检查支架、横杆是否牢固，如软松应及时拧紧加固，以防倒落伤人。开眼时由低速逐渐增高，自动推进器不得过猛过急，遇到节理发达的岩层要减速。不得使

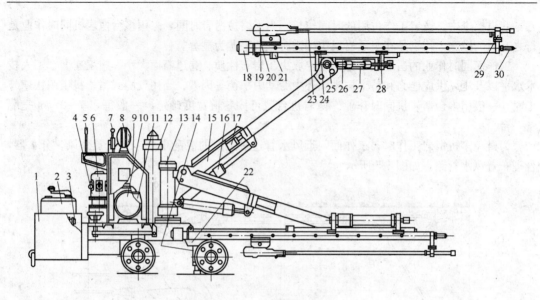

图 1-6 CGJ-2 型台车结构示意图

1—挂斗；2—控制器；3—电阻器；4—风马达；5—液压操纵手柄；6—制动器；7—气动操纵手柄；
8—照明灯；9—操纵台；10—电动机；11—减速箱；12—顶向气缸；13—转柱；14—支撑气缸；
15—大臂；16—大臂起落液压缸；17—推进器俯仰液压缸；18—推进风马达；19—凿岩机；
20—导轨架；21—补偿液压缸；22—底盘；23—钎杆；24—转动卡座；25—T 字形轴；26—推进器
回转液压缸；27—推进器摆动液压缸；28—支承卡座；29—夹钎器；30—顶尖

用弯曲或水孔不通的钎杆和有裂纹或磨损严重的套管。夹钎时严禁猛打钎杆，防止断钎伤人。

1.3.1.3 凿岩台车工安全操作规程

A 准备工作

（1）操作凿岩台车人员，必须经过培训合格后，方可操作。

（2）操作前必须处理好浮石，检查台车上电气、机械、油泵等是否完整好使。

（3）凿岩前必须将台车固定牢固，防止移动伤人。

（4）检查好各输油管、风绳、水绳等及其连接处是否有跑冒滴漏，如有问题须处理后再开车。

（5）凿岩前应空运转检查油压表、风压表及按钮是否灵活好使。

（6）凿岩台车必须配有足够的低压照明。

B 技术操作

（1）大臂升降和左右移动必须缓慢，在其下面和侧旁不准站人。

（2）打眼时要固定好开眼器。

（3）在作业过程中需要检查电气、机械、风动等部件时，必须停电、停风。

（4）凿岩结束后，应收拾好工具，切断电源，把台车送到安全地点。

（5）台车行走时，要注意巷道两帮，要缓慢行驶，以防触碰设备、人员等。

（6）禁止打残眼和带盲炮作业。

（7）禁止在换向器的齿轮尚未停止转动时强行挂挡。

（8）禁止非工作人员到台车周围活动和触摸操纵台车。

1.3.2 爆破工作

1.3.2.1 爆破参数确定

A 炮眼深度的确定

炮眼深度是指眼底到工作面的平均垂直距离。它是一个很重要的参数，直接与成巷速度、巷道成本等指标有关。炮眼深度主要依据巷道断面、岩石性质、凿岩机具类型、装药结构、劳动组织及作业循环而定。

从我国一些矿山的具体情况看，采用气腿式凿岩机时，炮眼深度一般为 1.8～2.0m；采用凿岩台车时，一般为 2.2～3.0m。

此外炮眼深度也可根据月进度计划和预定的循环时间进行估算。

B 炮眼直径

炮眼直径应和药卷直径相适应：炮眼直径小了，装药困难；而过大的眼直径，将使药卷与炮眼内空隙过大，影响爆破效果。目前我国普遍采用的药卷直径为 $\phi32mm$ 和 $\phi35mm$ 两种，而钎头直径一般为 $\phi38～42mm$。

C 炸药消耗量

由于岩层多变，单位炸药消耗量目前尚不能用理论公式精确计算，一般按《矿山井巷工程预算定额》和实际经验按表 1-1 选取。表中所列数据系指 2 号岩石硝铵炸药。若采用其他炸药时，则需根据其爆力大小加以适当修正。

巷道断面确定后，可根据岩石硬度系数查表 1-1 找出单位炸药消耗量 q，则一茬炮的总药量 Q（kg）可按下式计算：

$$Q = qSl\eta \tag{1-1}$$

式中　q——单位炸药消耗量，kg/m^3；

　　　S——巷道掘进断面积，m^2；

　　　l——炮眼平均深度，m；

　　　η——炮眼利用率。

式中的 q 和 Q 值是平均值，至于各个不同炮眼的具体装药量，应根据各炮孔所起的作用及条件不同而加以分配。掏槽眼最重要，而且爆破条件最差，应分配较多的炸药，辅助眼次之，周边眼药量分配最小。周边眼中，底眼分配药量最多，帮眼次之，顶眼最少。采用光面爆破时，周边眼数目相应增加，但每眼药量应适当减少。

表 1-1　岩巷掘进单位炸药消耗量（kg/m^3）

断面 /m²	岩石硬度系数 f							
	≤1.5	2～3	4～6	(7)	8～10	(11)	12～14	15～20
<4	1.14	1.99	2.74	2.84	2.94	3.49	4.04	4.85
<6	0.96	1.60	2.24	2.38	2.51	2.87	3.23	3.89
<8	0.91	1.44	2.02	2.13	2.24	2.61	2.98	2.54
<10	0.80	1.29	1.90	1.96	2.02	2.35	2.67	3.14
<12	0.72	1.21	1.68	1.77	1.86	2.14	2.41	2.95
<15	0.66	1.04	1.48	1.56	1.63	1.88	2.12	2.56
<20	0.59	0.96	1.35	1.40	1.45	1.69	1.92	2.32

注：炸药为 2 号岩石硝铵炸药。

D　炮眼数目

炮眼数目直接决定每个循环的凿岩时间，在一定程度上又影响爆破效果。

炮眼数目的确定，一般根据岩石性质、巷道断面积、掏槽方式、爆破材料种类等因素作出炮眼布置图，经过实践最后确定合适的炮眼数目。也可根据将一个循环所需的总炸药量平均装入所有炮眼内的原则进行估算，作为实际排列炮眼时的参考。

一次爆破所需的总炸药量 Q 确定后，则炮眼数目可按下式计算：

$$Q = \frac{Nla}{l} p \tag{1-2}$$

式中　N——炮眼数目；

　　　a——装药系数（一般为 $0.5 \sim 0.7$）；

　　　p——每个药卷重量，kg；

　　　l——每个药卷的长度，mm。

由式（1-1）和式（1-2）两式相等，得炮眼数为

$$N = \frac{qS\eta l}{ap} \tag{1-3}$$

炮眼数目也可用 $N = 2.7\sqrt{fS}$ 或 $N = 3.3\sqrt[3]{fS^2}$ 估算。

如前所述，上述公式只是一种估算方法。更切合实际的合理炮眼数目，目前只能从实际炮眼排列着手，经过实践不断调整完善。

1.3.2.2　爆破图表

爆破图表是平巷施工设计的组成部分，是指导、检查和总结凿岩爆破工作的技术文件，其内容包括三部分：第一部分是爆破原始条件；第二部分是炮眼布置图并附有说明表；第三部分是预期爆破效果。编制爆破图表首先应在实际中调查研究，确定一个初步的爆破图表，经过若干次试验后，不断调整和完善。详细内容如表 1-2～表 1-4 和图 1-7 所示。

表 1-2　爆破原始条件

序　号	名　　称	数　　量
1	掘进断面/m²	
2	岩石硬度系数 f	
3	工作面沼气或矿尘含量/%	
4	工作面涌水量/m³·h⁻¹	
5		

表 1-3　炮眼排列及装药量

眼号	炮眼名称	炮眼深度/m	炮眼长度/m	装药量 卷/眼	装药量 小计（卷）	倾角 水平	倾角 垂直	爆破顺序	联线方式
	掏槽眼								
	辅助眼								
	帮眼								
	顶眼								
	底眼								
	水沟眼								
共计									

表 1-4 预期爆破效果

名　称	数　量	名　称	数　量
炮眼利用率/%		每 1m 巷道炸药消耗量/kg·m⁻¹	
每循环工作面进尺/m		每循环炮眼总长度/m·循环⁻¹	
每循环爆破实体岩石/m³		每 1m³ 岩石雷管消耗量/个·m⁻³	
炸药消耗量/kg·m⁻³		每 1m 巷道雷管消耗量/个·m⁻¹	

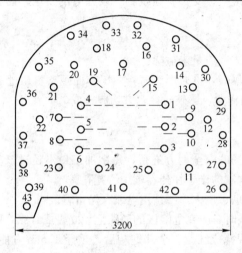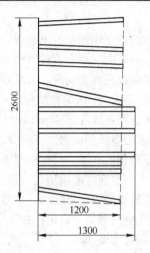

图 1-7　炮眼排列示意图

1.3.2.3　爆破工安全操作规程

A　爆破材料的领退

(1) 应根据当班的爆破作业量，填写好爆破材料领料单，领取当班的爆破材料。

(2) 当班剩余的爆破材料要及时退回库房，严禁自行销毁或私人保管。

(3) 领退爆破材料的数量必须当面点清，若有遗失或被窃，应立即追查和报告有关领导。

B　爆破材料的运输

(1) 领取爆破材料后，必须直接送到工作面或专有的临时保管库房（必须有锁），严禁他人代运代管，不得在人群聚集的地方停留。炸药和雷管必须分别放在各自专用的袋内。

(2) 一人一次运搬爆破材料的数量：

1) 同时运搬炸药和起爆材料不得超过 30kg。

2) 背运原包装炸药不得超过 1 箱。

3) 挑运原包装炸药不得超过 2 箱。

(3) 爆破材料必须用专车运送，严禁炸药、雷管同车运送。除爆破人员外，其他人员不准同车乘坐。

(4) 汽车运输不得超过中速行驶，寒冬地区冬季运输，必须采取防滑措施；遇有雷雨停车时，车辆应停在距建筑物不小于 200m 的空旷地方。

(5) 用电机车运送爆破材料时，必须遵守下列规定：

1) 列车前后应设有"危险"标志。

2）电机车运行速度不得超过 2m/s。

3）如雷管、炸药和导爆索同一列车运送时，其各车厢之间应用空车隔开。

4）驾线电机车运送时，装有爆破材料的车厢与机车之间必须用空车隔开；运送电雷管时，必须采取可靠的绝缘措施。

C　爆破准备及信号规定

（1）在爆破作业前，应对爆破区进行安全检查，有下列情况之一者，禁止爆破作业：

1）有冒顶塌帮危险。

2）通道不安全或通道阻塞三分之二，或无人行梯子，有可能造成爆破工不能安全撤退。

3）爆破矿岩有危及设备、管线、电缆线、支护、建筑物、设施等的安全，而无有效防护措施。

4）爆破地点光线不足或无照明。

5）危险边界或通路上未设岗哨和标志或人员未撤除。

6）两次爆破互有影响时，只准一方爆破。贯通爆破时，两工作面距离不超过 15m 时，不得同时爆破；不超过 7m 时，须停止一方作业，爆破时，双方均应警戒。

7）爆破点距离炸药库 50m 以内时。

（2）加工起爆药包应遵守下列规定：

1）起爆药包的加工，只准在爆破现场的安全地方进行，每次加工量不超过该次爆破需要量；雷管插入药包前，必须用铜、铝或木制的锥子在药卷端中心扎孔。

2）加工起爆药包地点附近，严禁吸烟、烧火，严禁用电或火烤雷管。

（3）设立警戒和信号规定：井下爆破时，应在危险区的通路上设立警戒红旗，区域为直线巷道 50m，转弯巷道 30m。严禁以人代替警戒红旗。全部炮响后，须经 15min 方能撤除警戒；若响炮数与点火数不符，须经 20min 后方能撤除警戒。严禁挂永久红旗。

D　装药与点火爆破

（1）装药前应对炮眼进行清理和检查。

（2）装起爆药包和硝化甘油炸药时，禁止抛掷或冲击。

（3）药壶扩底爆破的重新装药时间，硝铵炸药至少经过 15min，硝化甘油炸药至少经过 30min。

（4）深孔装药炮孔出现堵塞时，在未装入雷管、黑梯药柱等敏感爆炸材料前，可用铜或非金属长杆处理。

（5）使用导爆管起爆时，其网络中不得有死结，炮孔内的导爆管不得有接头。禁止将导爆管对折 180° 和损坏管壁、异物入管、将导爆管拉细等影响导爆管爆轰波传播的操作。

（6）用雷管起爆导爆管时，导爆管应均匀敷设在雷管周围。

（7）装药时禁止烟火、明火照明；装电雷管起爆体开始后，只准用绝缘电筒或蓄电池灯照明。

（8）禁止单人装药放炮（补炮、崩大块除外），爆破工点完炮后必须开动局扇或打开风门（喷雾器）。

（9）装药时不许强力冲击，禁止用铁器装药，要用木棍装。

（10）严禁无爆破权的人进行装药爆破工作。

（11）进行电爆破送电未爆检查时，必须先将开关拉下，锁好开关箱，线路断路 15min 后方可进入现场检查处理。

（12）炮孔堵塞工作必须遵守下列规定：

1）装药后必须保证堵塞质量。

2) 堵塞时，要防止起爆药包引出的导线、导火线、导爆索被破坏。

（13）明火起爆时应遵守下列规定：

1) 必须采用一次点火；成组点火时，一人不超过五组。

2) 二次爆破单个点火时，必须先点燃信号管或计时导火线，其长度不超过该次点燃最短导火线的三分之一，但最长不超过 0.8m。

3) 导火线的长度须保证人员撤到安全地点，但最短不小于 1m。

4) 点燃导火线前，切头长度不小于 5cm。一根导火线只准切一次，禁止边装边点或边切边点。

（14）电力起爆必须符合下列规定：

1) 只准用绝缘良好的专用导线做爆破主线、区域线或支线。

2) 装药前要检查爆破线路、插销和开关是否处于良好状态，一个地点只准设一个开关和插座。主线段应设两道带箱的中间开关，箱要上锁，钥匙由连线人携带。脚线、支线、区域线和主线在未连接前，均须处于断路状态。只准从爆破地点向电源方向联结网络。

3) 有雷雨时，禁止用电力起爆；突然遇雷时，应立即将支线断路，人员迅速撤离危险区。

（15）导爆索起爆时应遵守下列规定：

1) 导爆索只准用快刀切割。

2) 支线应顺主线传爆方向连接，搭接长度不小于 15cm；支线与主线传爆方向的夹角不大于 90°。

3) 起爆导爆索时，雷管的集中穴应朝导爆索传爆方向。

4) 与散装铵油炸药接触的导爆索需采取防渗油措施。

5) 导爆索与导爆管同时使用时不应用导爆索起爆导爆管，因导爆索爆速大于导爆管，易引起导爆索爆炸时击坏导爆管。

E　盲炮处理

（1）发现盲炮必须及时处理，否则应在其附近设明标志，并采取相应的安全措施。

（2）处理盲炮时，在危险区域内禁止做其他工作。处理盲炮后，要检查清除残余的爆破材料，并确认安全时方准作业。

（3）电爆破有盲炮时，应立即拆除电源，其线路应及时断路。

（4）炮孔内的盲炮，可采用再装起爆药包或打平行眼装药（距盲炮孔不小于 0.3m）爆破处理，禁止掏出或拉出起爆药包。

（5）硐室盲炮可清除小井、平硐内填塞物后，取出炸药和起爆体。

（6）内外部爆破网络破坏造成的盲炮，其最小抵抗线变化不大，可重新连线起爆。

F　高硫、高温矿爆破

（1）高硫矿爆破时，炮孔内粉尘要吹净，禁止将硝铵类炸药的药粉与硫化矿直接接触，并禁止用高硫矿粉做填塞物。严防装药时碰坏药包。

（2）高温矿爆破时，孔底温度超过 50℃，必须采取防止自爆的措施。

1.3.2.4　通风工安全操作规程

A　局扇运行

（1）开动局扇前，应对机电设备各部件进行认真细致的检查，确认无不良状况时，方可开机运转。

（2）长距离数台风机串联通风时，由外往里逐台开动，并依次检查导风筒是否完好，发现漏风，应立即进行修理。

（3）采用混合式通风时，先开动抽风机，后开动吹风机向掌头吹风。吹风机风量应小于抽风机风量，以免污浊空气越过抽风机吸入口而污染巷道。

（4）停止运转局部扇风机时，由里向外逐台停运，如是混合式通风，则先停吹风机，后停抽风机。

B 巷道洗刷

（1）污浊空气排净后，对作业面 15m 以内的岩壁要洗刷干净，"货"堆要浇透水。

（2）在洗刷岩壁和浇水时，应由外向里进行，但人员不许进入"货"堆上，以免掉毛伤人。

C 设施安装

（1）运输风机和铁制导风筒时，应使用平板车，不许用矿车运输，并用绳索或铁丝将其捆绑在车体上。

（2）装卸风机，要用坚固的绳索或铁丝和木棍，不准使用钎杆或撬棍。

（3）局扇应安装在坚固的木制或铁制的平台上，电缆和导风筒吊挂在巷道壁上，吊挂距离为 5～6m，其高度不应妨碍行人和车辆运行。电缆接头应不漏电，导风筒接头应不漏风，多余的电缆要盘好置于宽敞的巷道帮壁处，不得任意乱放。风机开关应安装在距离风机不远的箱里。

（4）高空作业时，要系好安全带，要上下联系好。

（5）长期不施工的作业面再施工时，一定要先进行通风处理，防止有害气体伤人。

1.3.3　岩石的装载与转载

工作面爆破并经通风将炮烟排除后，即可进行装运岩石的工作。

在巷道掘进中，岩石的装载与转运工作是最繁重最费时的工序，一般情况下，约占掘进循环时间的 35%～50%。因此不断研究和改进装岩与转运工作，对提高劳动生产率、加快掘进速度、改善劳动条件以及获得较好的经济效益有重要意义。

1.3.3.1　装岩设备

A 铲斗后卸式装岩机

Z30 型铲斗后卸式装岩机用于将散矿、碎矿、岩石或其他块状物料装入矿车等运输设备，可实现装载工作机械化，提高劳动生产率。尤其适用于国防、矿山、铁道、水利等部门的巷道和隧道掘进工程的装载工作。该设备可在顶板高度不小于 2.4m，宽度不小于 2.4m 的各种规格的巷道中工作。操纵装岩机沿轨道将铲斗插入岩堆，装满后后退，并同时提起铲斗把矸石往后翻卸入矿车，或通过胶带转载机再转入矿车，即完成一次装岩动作。图 1-8 所示是 Z30 型铲斗后卸式装岩机的外形图。

这类装岩机使用灵活，行走方便，尤其是它的结构紧凑、体积小，有利于与其他通用运输机械配套使用。它的不足之处是卸载为抛掷方式，扬起粉尘较多，生产能力较低，且必须在轨道上行驶，装载宽度受限制。

B 蟹爪式装岩机

这类装岩机一般为电力驱动，液压控制，履带行走。它的主要特点是装岩工作连续，如图 1-9 所示。

装岩时，整个装岩机低速前进，使装岩台（铲板）插入岩堆，在两个蟹爪的连续交替耙动

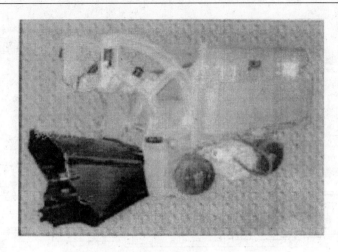

图 1-8 Z30 型铲斗后卸式装岩机外形图

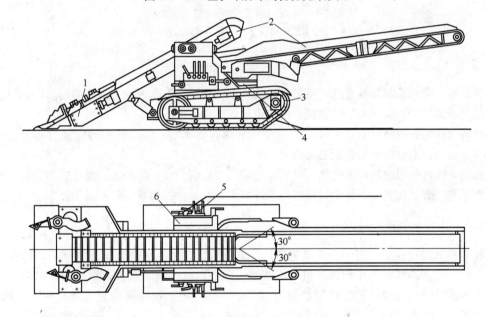

图 1-9 ZS-60 型蟹爪装岩机
1—扒装机构（机头）；2—运输机（刮板运输机及皮带运输机）；
3—行走机构；4—回转台；5—液压系统；6—电气系统

下，将岩石耙到转载的运输机上，由它转运到后部卸入运输设备中。

这种装岩机生产能力大，作业连续，产生粉尘少，装岩宽度不受限制，辅助工程小，易于组织机械化作业线。

C 立爪—蟹爪式装岩机

蟹爪式装岩机装岩时，铲板必须插入岩堆，难免会发生岩堆塌落压住蟹爪的现象。此时必须将装岩机退出，再次前进插入岩堆装岩。此外，为清除工作面两帮岩石，装岩机需多次移动机身位置，因而会降低装岩机的效率，特别是当底眼爆破效果不好时，会给蟹爪式装岩机的推进带来困难。而立爪—蟹爪式装岩机是以蟹爪为主，立爪为辅，综合了两种装岩机的优点，有较高的生产能力，如图1-10所示。

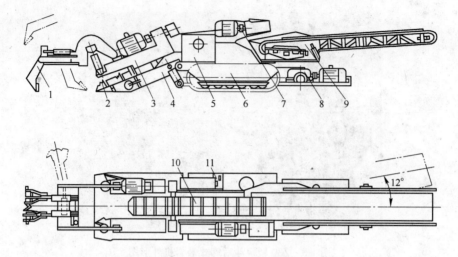

图 1-10　LBZ-150 型立爪—蟹爪装岩机
1—立爪；2—蟹爪；3—立爪驱动装置；4—蟹爪驱动装置；5—履带驱动装置；
6—行走机构；7—刮板驱动装置；8—皮带驱动装置；9—皮带运输机；
10—刮板运输机；11—操纵台

　　装岩时，先开动装岩机前进，将铲板插入岩堆，立爪扒取巷道前方或两侧的岩石，配合蟹爪连续不断地把岩石扒入链板输送机，经胶带输送机送入矿车。

　　合理选择装岩机的因素很多，主要应考虑巷道断面大小、装岩机的适应能力和装岩生产率、货源情况、造价以及设备配套能力等。

　　目前，国内使用的装岩机仍然是以铲斗后卸式装岩机为主。侧卸式、蟹爪式等装岩机正在不断发展和完善。在实际工作中，应考虑上述因素，并结合工程具体条件选用。

1.3.3.2　工作面调车与转载

　　在巷道装岩过程中，当一个矿车装满后，必须退出，另换一个空车继续装岩，这样就需调车工作。合理地选择工作面调车设施或转载设备，以减少调车次数，缩短调车时间，保证装岩机连续装岩，是提高装岩效率的重要途径，特别对组织快速掘进更有重要意义。因此，国内外矿山巷道掘进中对这方面的工作都十分重视，逐步形成了各种调车方法，研制了多种转载设备。

　　A　工作面调车

　　a　固定错车道调车法

　　这种调车方法（图 1-11）比较简单，一般可以用机车调车，人力辅助。但错车道不能紧跟工作面，因此采用这种方法调车，装岩机的工时利用率低，只能达到 20%～30%，适用于工程量不大、进度较慢的巷道工程。

　　b　活动式调车法

　　为了提高错车场的效率，将固定道岔改为平移式调车器、浮放道岔等（图 1-12）专用调车器具。这些调车器具移动灵活，可以紧跟工作面前移，装岩机工时利用率可以达到 30%～40%。

　　(1) 平移调车器。常用的平移调车器有翻框式调车器（图 1-13），可用于单线调车。翻框式调车器是由一个活动盘和一个固定盘组成，两盘之间用螺栓铰接，活动盘可以翻起、折叠。在

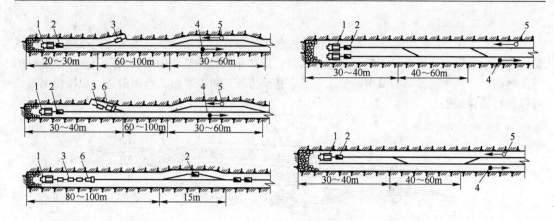

图 1-11 固定错车场

1—装岩机；2—矿车；3—空车；4—重车线；5—空车线；6—电机车

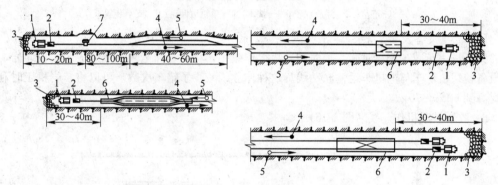

图 1-12 活动错车场

1—装岩机；2—矿车；3—矸堆；4—重车方向；5—空车方向；6—浮放道岔；7—平移调车器

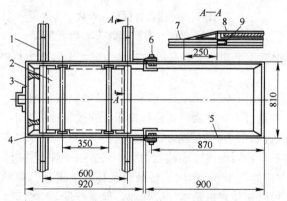

图 1-13 翻框式调车器

1—轨道；2—转车盘；3—活动盘；4—滚轮；5—固定盘；6—连接螺栓；
7—轨道平面；8—移车盘的轨面；9—角钢

活动盘上设一个四轮滑车板，滑车可在框架上横向移动。使用时，设于距工作面 15～20m 处，先将活动调车盘浮放在轨面上，调来的空车可以推到活动盘的滑车板上，再横向推到固定盘上，然后翻起活动盘，待工作面重车推出后，再放下活动盘，将空车推到工作面，完成调车工作。

(2) 浮放道岔。常用的有单线和双线浮放道岔，如图 1-14 所示。这类专用调车道岔的特点是将它浮放在固定轨道上，一般需要爬坡轨道，使矿车轮缘抬高到固定轨面以上 35～40mm 的浮放轨面上。这种道岔结构简单，加工容易，移动方便，可以紧跟工作面前进，现场根据需要可以自行设计加工。

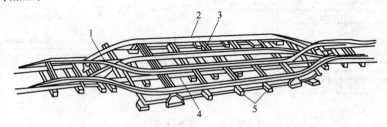

图 1-14　单线上浮放双线道岔
1—道岔；2—浮放双轨；3—枕木；4—单轨道钢轨；5—支承装置

B　转载设备及装、转、运作业线

为了进一步减少调车时间，提高装岩机工作效率，将装岩和运输工作组成装岩机装岩、转载设备转载、矿车与电机车运输联动线。这种作业线减少了错车次数，可以将装岩机工时利用率提高到 60%～70%。

a　胶带转载机作业线（图 1-15）

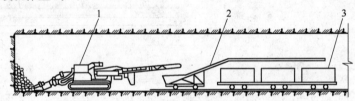

图 1-15　胶带转载机作业线
1—蟹爪装岩机；2—悬臂式转载机；3—矿车

(1) 胶带转载机的类型。平巷胶带转载机按其结构形式大体分为悬臂式、支撑式、悬挂式等几种。

1) 悬臂式胶带转载机如图 1-16a 所示。该机结构简单，长度较短，行走方便，可适用于弯道装岩，但容纳矿车数量过少，装岩仍需停机待车，连续装载能力小。

2) 支撑式胶带转载机如图 1-16b 所示，因设有辅助轨道，可专供支撑架行走。这类转载机较长，可以存放较多矿车，因而连续装载能力大，可适用于长直巷道，其辅助工作量也小。

3) 悬挂式胶带转载机如图 1-16c 所示。转载机悬挂在巷道顶部单轨架空轨道上。它容纳的矿车多，移动灵活，可以使装岩机基本连续作业，但需挂设架空轨道，故辅助工作量大，仅适用于长直巷道。

(2) 作业方法。该作业线主要由装岩机、胶带转载机、矿车和电机车组成。转载设备下的矿车由电机车一次顶入。要求转载机下矿车的容量应能容纳一次爆破后的全部矸石量。但这样设计的转载机因过长而笨重，反而限制了转载机的使用。因此按施工条件要求来选择转载机类型，才能充分发挥其作用。目前矿山多采用反复调车方法，以便增加连续装车的数目，如图 1-17 所示。装车数目可按下式计算：

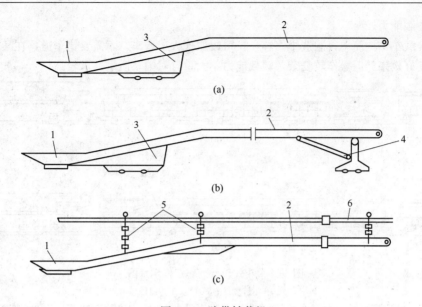

图 1-16　胶带转载机

(a) 悬臂式；(b) 支撑式；(c) 悬挂式

1—受料仓；2—机架；3—行走部分；4—门框支撑；5—悬吊链；6—架空单轨

$$x = 2^n - 1 \qquad\qquad (1-4)$$

式中　x——连续装车的矿车数量；

　　　　n——转载机下可容纳的矿车数量。

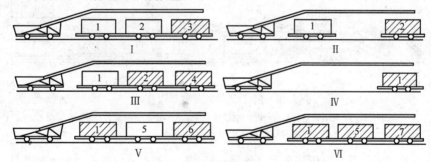

图 1-17　连续装车调车法示意图

1、2、3、…、7—矿车空车初始排列顺序；Ⅰ、Ⅱ、…、Ⅵ—调车步骤序号

b　转载斗车作业线

该作业线主要用在金属矿山，是在铲斗后卸式装岩机后面配备转载斗车和一列专用矿车及架线式电机车（如图 1-18 所示），形成一条转运作业线，一般适合在中、小型矿山平巷掘进中使用。

工作时，装岩机将矸石装入斗式转载车中，待斗车装满后，操纵车上的气缸，将斗车的车轮下缘升到专用矿车上缘，斗车借助于风动马达的驱动，沿专用的矿车上缘运行到列车的卸载位置，通过斗车的扇形闸门卸载，然后返回原处再行装岩。斗车有 $0.35m^3$、$0.5m^3$、$0.75m^3$ 三种。专用列车容量一般为一个循环的排矸量，但每列车不宜超过 20 辆。

为了进一步提高装岩机的利用率，可采用双斗转载车转载，如图 1-18b 所示。一台作短途斗车，另一台作长途斗车。短途斗车向长途斗车卸矸，长途斗车向后面矿车卸矸，互相配合，可以提高装载能力。

斗式转载车结构简单，制造维修容易，可以取代人工调车，不需要错车道，在某些金属矿山已取得良好效果。但操作较复杂，转载能力不大，且对铺轨质量要求较高。

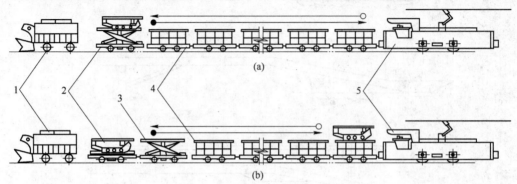

图 1-18　斗式转载列车工作示意图
(a) 单斗转载法；(b) 双斗转载法
1—铲斗式装岩机；2—斗车（或短途斗车）；3—长途斗车；4—曲轨侧卸式矿车；5—电机车

c　新-1 型胶带转载车作业线

该作业线由一台新-1 型装岩机（蟹爪—立爪组合式装岩机）、一台新-1 型过桥胶带转载机和一列新-1 型胶带转载车和架线电机车组成，如图 1-19 所示。

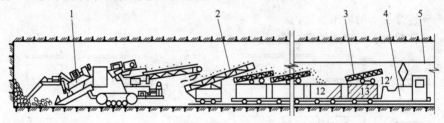

图 1-19　新-1 型胶带转载车作业线
1—新-1 型装岩机；2—新-1 型过桥胶带；3—新-1 型胶带转载机；
4—架线式电机车；5—架线

这一作业线的特点是：每辆矿车上（最后一辆除外）都有一台新-1 型胶带转载机，它可在矿车上前后移动，其转载能力可达 120m³/h。装岩时，装岩机将矸石通过过桥胶带转运到新-1 型胶带转载机上，接力传到最后一个矿车里，待矿车装满后（图 1-19 中的矿车 13），最后一台胶带运输机 12′推至矿车 13 上不动；然后再继续上述装岩过程直至装满全部列车为止。最后一个矿车由过桥胶带机装车。装满一列之后，由电机车牵引至有卸载曲轨的矸石仓卸载。

该作业线转运连续，转载能力大，卸载速度快。但设备较多，操作复杂，需要有专设的卸载曲轨和矸石仓的卸载点。

d　梭式矿车作业线

梭式矿车既是一种大容积矿车（我国江西矿山机械厂生产的梭车容积有 4m³、6m³、8m³三种），又是一种转载设备。根据工作面矸石量多少，可选一台或几台搭接使用，一次将工作面爆落的矸石全部装完。

梭式矿车结构如图 1-20 所示。在车箱底部设有链板运输机。装岩时，开动链板运输机，将装岩机从梭车一端装入的矸石转至整个车箱或转运至后面的车箱中，直至将一循环的岩石装完为止。然后电机车牵引至卸载点，开动链板运输机卸载，从而实现了装岩、转载、运输、卸载全过程的机械化作业。

梭式矿车具有装载连续，转载、运输和卸载设备合一，性能可靠等优点，因此使用较多，但必须有井下卸载点。它用于地面有直接出口的平硐掘进较为理想，尤其对单线长距离独头巷道掘进，梭车的优越性更为显著。但因车身较长，井下转弯困难，一般多用于平直巷道和硐室工程。目前金属矿山使用梭车较多。

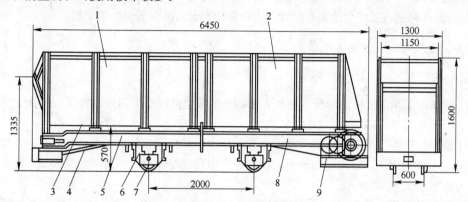

图 1-20 梭式矿车结构图

1—前车帮；2—后车帮；3—运输链板；4—传动链；5—前底盘；

6—车轮底架；7—车轮；8—后底盘；9—减速装置

1.3.3.3 提高装岩效率的途径

（1）结合施工条件合理选择高效能装岩机。

（2）改善爆破效果。装岩生产率与爆破的岩石块度、抛掷距离、堆积情况密切相关，故必须不断提高爆破技术，合理制订爆破图表，做到爆出的巷道断面轮廓符合设计要求，底板平整，以利装岩；尽量采用光面爆破，减少超挖量；爆破的岩石块度及抛掷距离适中，岩堆集中。

（3）减少装岩间歇时间。提高实际装岩生产率，积极推广并结合实际条件合理选择各种工作面调车和转载设施，减少装岩间歇时间，提高实际装岩生产率。

（4）加强装岩调车的组织工作。

1.3.3.4 撬碴工安全操作规程

（1）撬碴应选用有经验的老工人担任，不能少于两人。一人撬碴，一人照明、监护。撬碴工必须熟悉和掌握岩石性质、构造及变化规律。

（2）撬碴时，应选好安全位置和躲避时的退路，不许在浮石下面作业，不得有障碍物，随时注意周围浮石的变化，以防落石伤人。

（3）撬碴由安全出口或安全区域开始，用敲帮问顶方法检查，前进式方法处理浮石，边撬边前进。

（4）采场撬碴时，首先应把通往采场的安全出口浮石清理干净，然后对作业区域进行全面检查，撬净浮石后方准其他人员作业。

（5）凡撬不下来的浮石，应通知现场作业人员注意，根据浮石情况用爆破方法处理或打顶子支护处理。

(6) 撬不下来的浮石，又无法用其他方法处理时，应设标记，通知附近作业人员和禁止人员在附近作业和通行。

(7) 发现有大量冒顶预兆时，应立即退出现场，并报告有关部门，采取可靠措施后再作业。

(8) 撬碴时，禁止人员从前通过。

(9) 在人道井、溜井或附近顶帮处理浮石时，应采取可靠的安全措施。

(10) 不许将撬碴工作交给没有经验的人，要把本班情况向下班详细交接。

1.3.3.5　装岩机工安全操作规程

A　准备工作

(1) 开车前必须在无电的情况下对装岩机的各个部位进行全面细致的检查，确认无问题后再开车；先试空装 2~3 次，方可正式装岩。

(2) 装岩前对距工作面 15m 以内的巷道喷雾洒水，坚持湿式装岩。要安挂好照明。对工作区内的顶、帮要做到班前、班中、班后三次检查，用撬棍处理浮石和消除隐患后方可作业。

B　操作注意事项

(1) 开动装岩机，前方必须无人，司机应站在机身侧面中间。装岩机与矿车不挂接装岩时，矿车要用木楔或石块堰住，扬铲时要注意他人安全。

(2) 装岩时要做到提铲、倒铲稳、扬铲准。装岩机前进和提铲时要相结合，扬铲和后退时要相结合，落铲和前进时要相结合。

(3) 扬铲时应及时松开扬铲按钮，回铲借助弹簧反冲力及铲斗自重回铲，同时短促按动扬铲按钮，不能采用加快前进速度铲装矿、岩石。

(4) 装岩时先装中间后装两侧，随着装岩工作的推进，及时清扫巷道两侧的矿（岩），防止失脚滑入机轮下压伤。

(5) 超过 400mm 的大块，必须用大锤砸碎，严禁用铲斗撞击破碎大块。

(6) 可用装岩机将活轨推进插入矿岩堆中，但切勿用力过猛而发生事故。

(7) 在装载巷道两侧矿、岩，装岩机受到阻力不能前进时，不准强制前进，以免发生掉道事故。装岩机掉道后，要用复轨器将装岩机复原到轨道上，不宜使用短铁道或枕木。

(8) 装岩机行驶时，要防止压坏电缆线。压坏了要处理完好后，才可继续使用。

(9) 装载时发现异常，应立即停机，切断电源后方可修理。

(10) 装载时发现残炸药应立即停止装载，将其拾出放到安全地方后恢复装载。残炸药只准交给有爆破权的人处理，严禁自行处理和私藏。

(11) 装载完毕应将装岩机退出工作面，停放在安全、无滴水的地方，切断电源，并用风水冲洗干净。

1.3.3.6　运搬工安全操作规程

A　装车与倒矿（废）石

(1) 装车前要喷雾洒水洗刷距工作面 15m 以内的顶帮壁及"货"堆，要浇透水，严禁干式作业。同时要处理好浮石。

(2) 装车前要把矿车堰住，碴堆面坡度应始终保持在 40°，防止滚石伤人。

(3) 向矿车中装"货"时，要准稳，严防伤人。

（4）在水平巷道装车时，不仅要装净掌头"货"，而且还要清理掌头外部巷道中的残"货"，距掌头15m以外的巷道必须挖出水沟。

（5）内有残炸药的大块，不准用大锤破碎。用大锤打大块时，要防止大锤脱把和碎石崩起伤人。

B 矿车运行与扣车

（1）推车时要注意来往行人。车过弯道、巷道交叉口、斜坡和过风门时，车速要慢，并要发出信号。运输巷道无照明时，车前要挂电灯照明。

（2）注意前边运行的矿车，同方向运行的两车厢应距30m以上；反方向运行，空车给重车让路，单车给列车让路。

（3）每人只准推一个矿车，推车时不准撒手，不准蹬车。矿车掉道时要发出信号，抬车时要看清周围情况，防止伤人。

（4）矿车未停稳时，不准做扣车作业。扣车不得用力过猛，防止矿车和人员翻入溜矿井中。车箱复位后，要检查箱挡是否处在正常位置。

（5）车箱中的残碴应随时清扫，发现不完好的矿车要及时汇报给有关人员进行修理。

（6）矿车离开扣车地点时，必须将铁道上的残碴清扫干净。

1.3.3.7 电机车司机操作规程

A 准备工作

（1）工作前必须对电机车各个部位进行全面细致的检查，确认完善可靠后方准投运。

（2）电机车司机在工作时间内不准任意离开岗位，不准将机车交给他人驾驶。如需离开时，必须切断电动机电源，将控制器手把卸下，扳紧车闸将机车闸住，但不得关闭车灯。

（3）灯光和声响两种信号，有一种不起作用时，机车不准运行。

（4）电机车启动后，要检查列车前后左右安全情况，确认安全后发出警铃再开车。

B 技术操作

（1）机车运行中做好瞭望，时刻注意安全，机车司机不许把头部或身体伸出驾驶室外边。在过弯道、巷道交叉口、漏斗口、陡坡和自动风门等区段以及前方有车辆、行人或视线有影响时，必须减低车速，同时发出警铃。

（2）机车应在列车前面牵引，特殊情况顶列车时，车速应保持行人速度；在井口调车场顶列车时，井口必须有人监管。

（3）严禁司机在车下操纵机车。禁止在有坡、自行滑动的路段上停放机车和车辆；在特殊情况时，必须用可靠的物品堰住。

（4）机车运行中，司机必须注意听行车声音，如有异常现象时应立即停车处理，处理时要切断电源。

（5）挂摘车时，必须在机车停稳后进行，禁止边行边摘挂车和扳道。司机必须与摘挂人员联系好声号再启动机车，防止挤撞人。

（6）电车正常运行时，禁止打倒车。

（7）列车制动距离，运送人员时不得超过20m，运送物料时不得超过40m。

（8）列车和机车与车箱连接处禁止趴人、乘人。

（9）运送人员要用专用的人车，禁止同时运送爆炸性、易燃性、腐蚀性和其他类似的物品，或附挂车。

（10）运送爆破器材时，应遵守爆破制度。

（11）电机车掉道后，要用复轨器将电机车复原到轨道上，不宜用短铁轨和枕木。

（12）电机车作业完毕，将电机车停放到指定安全地点，切断电源，紧住车闸，并清扫干净。

1:4 平巷支护

巷道支护是采矿工作的重要环节，巷道稳定与否关系到采矿工作能否顺利进行。常用的支护方法有棚式支护、整体混凝土支护、锚杆支护和喷射混凝土支护。

为了保持巷道的断面规格，防止围岩发生危险的变形和垮落，必须采用各种方法来维护巷道。选择支架时应考虑以下几点：

（1）支架材料的选择应因地制宜，就地取材，尽量少用或不用木材。

（2）由于喷锚支护的优越性，应优先选用喷锚支护。

（3）要适应地压大小、方向和特点，支架应结构稳定，有足够的承载能力和适当的可缩性。

（4）支架使用的期限要和巷道服务年限相适应。支架使用年限小于巷道服务年限，要经常翻修，不经济；相反，使用年限大于服务年限，支架做得太坚固、耐久，也不经济。

（5）要适应井下环境，如湿度大，有时有酸性水侵蚀等。

（6）适应巷道施工速度的要求，便于架设。

1.4.1 支护材料

1.4.1.1 木材

作为矿井支架的木材称为坑木。常用的坑木有松木、杉木、桦木、榆木和柞木，以松木用得最多。

木材具有纹理，因此木材的强度在不同方向相差很大，顺纹抗拉强度远大于横纹抗拉强度，顺纹抗压强度也远大于横纹抗压强度。

在实际使用时应将木材做防腐处理，以提高坑木的使用年限，从而节省坑木用量。

随着国民经济的发展，木材需用量日益增加。在矿井支护中节约坑木和采用坑木代用品，有着重要的意义。

1.4.1.2 金属材料

金属材料强度大，可支撑较大的地压；使用期长，可多次复用；安装容易；耐火性强；必要时也可制成可缩性结构；虽然初期投资大些，但可回收，算总成本还是经济的。

常用的金属材料有工字钢、角钢、槽钢、轻便钢轨、矿用工字钢及矿用特殊型钢等。

1.4.1.3 水泥

水泥是水硬性胶凝材料，它除能在空气中硬化和保持强度外，还能在水中硬化，并长期保持和继续增长其强度。

A 水泥的品种

应用最普遍的是普通硅酸盐水泥（简称普通水泥），其次是矿碴硅酸盐水泥（简称矿碴水泥）及火山灰质硅酸盐水泥（简称火山灰水泥）。此外还有快凝、快硬、高强水泥和膨胀水泥等特种水泥，这些水泥在井巷支护中很少使用。

B 普通水泥的性质

a 细度

细度指水泥颗粒的粗细程度。颗粒愈细，水泥凝结硬化愈快，早期强度发展也快，但在空气中硬化时有较大的收缩。

b 标准稠度用水量

水泥净浆的稀稠程度对水泥的主要技术性质影响很大。测定这些性质时，必须有一个规定的稠度，即标准稠度。标准稠度用水量用水泥标准稠度测定仪测定。

c 凝结时间

凝结时间分初凝时间和终凝时间。初凝时间为水泥加水拌和成水泥浆开始失去可塑性的时间；终凝时间为水泥加水拌和至水泥浆完全失去可塑性并开始产生强度的时间。为使混凝土和砂浆有充分的时间进行搅拌、运输、浇捣或砌筑，水泥初凝不能过早。当施工完毕，则要求尽快硬化，具有一定强度，故终凝时间不能太迟。一般要求初凝时间不得早于 45min，终凝时间不迟于 12h。实际上，普通水泥初凝时间为 1～3h，终凝时间为 5～8h。

d 水泥强度与标号

水泥的强度是水泥具有使用价值的一项很重要的指标，是确定水泥标号及选用水泥的主要依据。水泥的强度用软练法测定，根据测得的 28d 龄期的单轴抗压强度划分水泥的标号。

e 水化热

水泥与水的作用是放热反应。在凝结硬化过程中放出的热量称为水化热，其数值大小与水泥的化学成分有关。在小体积混凝土工程中，水化热能加速其硬化速度，在大体积混凝土工程中，因水化热积累在内部，不易散热，会使混凝土产生内应力而开裂破坏。

f 硬化时体积变化

普通水泥在水中硬化时，体积稍有膨胀，但在空气中硬化时，则产生收缩。收缩过大时，可能引起收缩裂缝。引起收缩裂缝的主要原因是水分蒸发。拌用水量愈大则收缩愈大，干燥过程愈迅速收缩也愈严重。因此在水泥硬化过程中必须保持一定的温度与湿度进行养护，不使其干燥过急。

g 抗水性

硬化后的水泥，对其环境水腐蚀的抵抗性能力，称为抗水性。水泥的腐蚀是由水、酸、盐及碱的作用而产生的。普通水泥的抗水性较差，可采用增强混凝土的密实性，使有害物质不能深入其内部，或在其表面涂沥青等防水材料，来增强水泥的抗水性。

C 普通水泥的特点

(1) 早期强度高，凝结硬化快。

(2) 水化热高，抗冻性好，但不适于大体积工程中应用。

(3) 抗水性差，耐酸、碱及硫酸盐的化学腐蚀性差。

普通水泥被广泛应用于井巷支护中。

D 矿碴与火山灰水泥的特点

(1) 抗水性好，对硫酸盐腐蚀的抵抗能力强。

(2) 水化热低。

(3) 凝结较慢，早期强度较低。

(4) 干缩性较大。

矿碴与火山灰水泥适用于海水中或其他大体积工程；要求早期强度高或低温环境施工的工程不宜应用。表 1-5 所示为常用水泥的特性及应用。

表 1-5　常用水泥品种的特性及应用

品　种	标号	特　性		使 用 范 围	
		优　点	缺　点	适 用 于	不 宜 用 于
普通硅酸盐水泥	225 275 325 425 525 625	1. 早期强度高; 2. 凝结硬化快; 3. 抗冻性好	1. 水化热高; 2. 抗水性差; 3. 抗硫酸盐侵蚀能力差; 4. 耐热性较差	1. 一般地上工程和没有侵蚀作用的地下工程,以及不受水压作用的工程; 2. 喷射混凝土(砂浆); 3. 要求强度发展较快的受冻工程	1. 大体积工程; 2. 有水压作用的工程; 3. 有化学侵蚀的工程
矿渣硅酸盐水泥	225 275 325 425 525	1. 抗硫酸盐侵蚀能力较强,抗水性好; 2. 水化热低,耐热性好; 3. 在蒸汽养护中强度发展快; 4. 在潮湿环境中后期强度增长快	1. 早期强度低; 2. 凝结硬化快; 3. 耐冻性较差; 4. 干缩性大,有泌水现象	1. 地下、水中工程及经常受高水压工程; 2. 大体积混凝土工程; 3. 有蒸汽养护工程; 4. 受热工程; 5. 用于地面工程宜加强养护	1. 早期强度要求高的工程; 2. 低温环境下施工无保温措施工程
火山灰质硅酸盐水泥	225 275 325 425 525	1. 抗硫酸盐类侵蚀能力较强; 2. 抗水性好; 3. 水化热低; 4. 在蒸汽养护中强度发展快; 5. 在潮湿环境中后期强度增长快	1. 早期强度低; 2. 凝结硬化慢; 3. 抗冻性差; 4. 吸水性大; 5. 干缩性最大	1. 地下、水中工程及经常受较高水压的工程; 2. 有硫酸盐类侵蚀的工程; 3. 大体积工程; 4. 有蒸汽养护工程; 5. 地面一般工程	1. 气候干燥地区工程; 2. 受冻工程; 3. 对早期强度要求高的工程

1.4.1.4　混凝土

混凝土是由水泥、砂子、石子和水所组成的。其中砂、石称为骨料,约占混凝土总体积的70%～80%,主要起骨架作用并能减少胶结材料的干缩;水泥和水拌和成水泥浆包裹骨料表面并填充其空隙,使新拌混凝土具有和易性,利于施工。水泥浆硬化后,则将骨料胶结成一个坚实的整体。

混凝土具有抗压强度大、耐久、防火、阻水,可浇灌成任意形状的构件,所用的砂石可以就地取材。但也存在着抗拉强度低,受拉时变形能力小,容易开裂,自重大等缺点。

由于混凝土具有上述各种优点,因此它是一种重要的建筑材料,也是一种重要的矿井支护材料。

A　混凝土的组成材料

a　水泥

水泥是混凝土产生强度的主要组分,也是混凝土组分中价值最贵的材料。

配制混凝土时需选用水泥标号为混凝土标号的 1.5～2.0 倍为宜;当配制高标号混凝土时,此值可取 0.9～1.5 为宜。

b　细骨料（砂）

在混凝土中，粒径在 0.15～5mm 的骨料称为细骨料。按形成条件有海砂、河砂和山砂之分。河砂、海砂较纯净，砂粒多呈圆形，表面光滑。山砂富有棱角，表面粗糙，与水泥浆黏结力强，但含有较多的黏土或有机杂质。一般以采用河砂为好。在实际应用时应选用合理级配的细骨料，如表 1-6 所示。

表 1-6　砂样筛分试验计算及砂级配区的规定

筛孔尺寸 /mm	分计筛余率 /%	累计筛余率 /%	级配区		
			Ⅰ 区	Ⅱ 区	Ⅲ 区
			累计筛余率/%		
5.0	a_1	$A_1 = a_1$	10～0	10～0	10～0
2.5	a_2	$A_2 = a_1 + a_2$	35～5	25～0	15～0
1.2	a_3	$A_3 = a_1 + a_2 + a_3$	65～35	50～10	25～0
0.6	a_4	$A_4 = a_1 + a_2 + a_3 + a_4$	85～71	70～41	40～16
0.3	a_5	$A_5 = a_1 + a_2 + a_3 + a_4 + a_5$	95～80	92～70	85～55
0.15	a_6	$A_6 = a_1 + a_2 + a_3 + a_4 + a_5 + a_6$	100～90	100～90	100～90
细度模数	$M_F = \dfrac{(A_2 + A_3 + A_4 + A_5 + A_6) - 5A_1}{100 - A_1}$		2.81～3.67	2.11～3.19	1.61～2.39

c　粗骨料（石子）

在混凝土中，凡粒径大于 5mm 的骨料称为粗骨料。粗骨料有天然卵石（砾石）和碎石两种。天然卵石表面光滑，少棱角，有的具有天然级配；碎石表面粗糙，颗粒富有棱角，与水泥黏结较好，但成本较高。

粗骨料中有害杂质的含量以及针片状颗粒的含量不得超过规范的规定。粗骨料的粒径一般为 5～40mm，且应有优良的颗粒级配，以减少孔隙，增加混凝土的密实性。

普通混凝土用的粗骨料的颗粒级配，应符合表 1-7 的规定。

表 1-7　碎石（卵）石级配范围的规定

级配方法	粒级 /mm	筛 孔/mm											
		2.5	5.0	10	15	20	25	30	40	50	60	80	100
		累计筛余率/%											
连续级配	5～10	95～100	85～100	0～15	0								
	5～15	95～100	90～100	30～60	0～10	0							
	5～20	95～100	90～100	40～70		0～10	0						
	5～30	95～100	90～100	70～90		15～45		0～5	0				
	5～40		95～100	75～90		30～65			0～5	0			
单粒级	10～20		95～100	85～100		0～15	0						
	15～30		95～100		85～100		0～10	0					
	20～40			95～100		80～100		0～10	0				
	30～60				95～100		75～100	45～75		0～10	0		
	40～80					95～100		70～100		30～65	0～10	0	

根据规范规定，混凝土粗骨料的最大颗粒尺寸不得超过结构截面最小尺寸的 1/4，同时不得大于钢筋间最小净距的 3/4；最大颗粒也不得大于 150mm。泵或压气输送的混凝土混合物，

最大粒径应按表1-8选用，亦不得超过上述规定。

表 1-8　导管输送混凝土粗骨料的最大粒径

导管内径/mm	最 大 粒 径/mm	
	卵（砾）石	碎 石
200	80	70
180	70	60
150	50	40

d　混凝土拌和及养护用水

凡是饮用水和清洁的天然水都能用来拌制和养护混凝土。污水，pH 值小于 4 的酸性水，含硫酸盐（按 SO_3^{2-} 计）超过水重1％的水和含油脂、糖类的水均不得使用。对水质有怀疑时，应进行水质分析。

B　混凝土的主要技术性质

新拌混凝土应具有适于施工的和易性或工作性，以获得良好的浇灌质量；硬化混凝土除应具有能安全承受各种设计荷载要求的强度外，还应当具有在使用环境下及使用期限内保持质量稳定的耐久性。

a　和易性及其影响因素

（1）和易性是指新拌混凝土在运输，浇灌过程中能保持均匀、密实、不离析和不泌水的工艺性能。它包括流动性、黏聚性及保水性三个方面的含义。

1）流动性。流动性是指新拌混凝土在自重或外力作用下，能够流动且能密实充填构件各部位的性能。

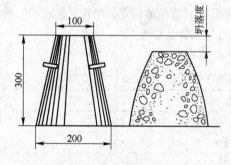

图 1-21　坍落度测定方法

2）黏聚性。黏聚性是指新拌混凝土各组分间具有一定的黏聚力，在运输、浇灌过程中不分层、不离析，使混凝土能保持整体均匀的性能。

3）保水性。保水性是指新拌混凝土保持水分，不致产生严重的泌水现象的能力。发生泌水现象的混凝土，由于水分分泌出来会形成容易透水的孔隙，使混凝土的强度、耐久性降低。

用坍落度试验（图 1-21）来评定混凝土的和易性，干硬性的坍落度为 0～1cm，低塑性的坍落度为 2～8cm，塑性的坍落度为 10～20cm，流态的坍落度大于 20cm。按规范规定，混凝土灌筑时的坍落度可按表 1-9 选取。

表 1-9　坍落度选择范围

结 构 状 况 及 施 工 部 位	坍落度/cm	
	机械振捣	人工捣实
桥涵基础、墩台、巷（隧）道边墙、仰拱、铺底、挡土墙及大型砌块等便于施工的结构	0～2	2～4
上列工程中较不便施工者以及巷（隧）道拱圈等	1～3	3～5
普通配筋密度的钢筋混凝土结构（如梁、柱等）	3～5	5～7
钢筋较密、断面较小的钢筋混凝土结构（如梁、柱、墙等）	5～7	7～9
钢筋布置特密、不便灌筑捣实的特殊部位	7～9	9～12

（2）影响和易性的主要因素：

1）水泥浆用量。在保持水灰比不变的情况下，单位体积混凝土内水泥量愈多，新拌混凝土的流动性愈好。水泥量多至一定限度时，由于骨料含量相对减少，将出现流浆、泌水现象（水灰比较大时），使混合物的黏聚性和保水性变差。因此，在保证水灰比一定的情况下，单位混凝土的水泥浆量以能满足混凝土混合物达到施工要求的流动性为宜。

2）水泥净浆稠度。水泥净浆的稠度主要取决于水灰比（每立方米混凝土中水与水泥的重量比）。在水泥用量不变的情况下，水灰比愈小，水泥净浆愈稠，混凝土混合物的流动性愈低；反之亦然。水灰比过大，会使混凝土混合物黏聚性和保水性变差而产生流浆、离析现象，严重影响混凝土强度、耐久性和构件浇灌质量。混凝土单位用水量如表1-10所示。

表 1-10   混凝土单位用水量   kg/m³

坍落度/mm	骨料最大粒径/mm		
	20	40	60
1～3	160～190	145～175	130～160
3～5	165～195	150～180	135～165
5～7	170～200	155～185	140～170
7～9	175～205	160～190	145～175

注：1. 使用碎石、人工砂，骨料级配较差的，用水量接近上限值。
2. 使用卵石，骨料级配好的，用水量接近下限值。

3）砂率。砂的用量占砂、石总重量的百分率称为砂率。砂率的变动将使骨料的孔隙率和总表面积显著改变，故对混凝土混合物的和易性产生显著的影响。砂率过大，骨料的总表面积及孔隙率增大，需要包裹骨料和充填孔隙的水泥浆量多，混合物显得干稠，流动性减小；砂率过小，粗骨料增多，砂浆量相应减少，不能在粗骨料周围形成足够厚度的砂浆层，流动性亦低，黏聚性和保水性变差，甚至出现溃散现象。因此，必须通过试验确定最佳砂率，在满足施工坍落度要求的前提下使水泥用量减到最小；或者在水泥用量合理的条件下获得最大的坍落度。砂率的选取可参考表1-11。

表 1-11   砂   率   %

骨料最大粒径/mm	单位水泥用量/kg·m⁻³								
	400	375	350	325	300	275	250	225	200
20	32～38	33～39	34～40	35～41	36～42	37～43	38～44	39～45	40～46
40	25～31	26～32	27～33	28～34	29～35	30～36	31～37	32～38	33～39
60			23～30	24～31	25～32	26～33	27～34	28～35	29～36

注：1. 使用碎石，施工条件较差时，选用接近上限值。
2. 使用卵石，施工条件较好时，选用接近下限值。

4）水泥的品种和骨料性质。在水灰比相同的情况下，水泥净浆标准稠度需水量大时，新拌混凝土的流动性较小。普通水泥的和易性比火山灰质水泥和矿渣水泥好。矿渣水泥泌水性大，应加以注意。水泥颗粒细能改善混凝土混合物的黏聚性和保水性。砂、石骨料的粒形圆滑，粒径增大，级配良好，则混凝土混合物的流动性增大。

5）外加剂。在拌制混凝土时加入少量的表面活性物质，可以在不增加用水量和水泥用量的情况下，改善混凝土混合物的和易性和混凝土的结构，对提高施工效率和浇灌质量，提高混凝土的耐久性均有利。

b 混凝土强度和标号

混凝土的强度以抗压强度最大，因此，混凝土主要用于承载压力。

混凝土的标号用以表示混凝土强度的等级，以立方体（20cm×20cm×20cm）28d 龄期单轴抗压强度划分标号。根据其抗压强度的大小，划分为 75、100、150、200、250、300、400、500 及 600 号等。如果实测 28d 龄期的抗压强度在两个标号之间，该混凝土应定为较低一级的标号。矿井支护中，常用的混凝土为 150、200 号。

影响混凝土强度的因素很多，其中水泥标号与水灰比是影响混凝土强度的主要因素，同时混凝土强度还与水泥品种和骨料特性有关。当其他条件相同时，水泥标号愈高，混凝土强度愈高，当用同一种水泥（品种及标号相同）时，混凝土的标号主要取决于水灰比。

混凝土强度与水灰比、水泥标号和水泥品种以及骨料种类之间的关系，可用经验公式（1-5）表示。

$$R_{28} = AR_{C}\left(\frac{C}{W} - B\right) \tag{1-5}$$

式中　R_{28}——混凝土 28d 龄期的抗压强度；

　　　R_{C}——水泥标号；

　　C/W——灰水比；

　$A、B$——试验系数，可选用《建井工程手册（第三卷）》中表 11-1-38 的数据。

影响混凝土强度的其他因素有混凝土所处环境的温度和湿度、养护龄期等。这些都是影响混凝土强度的重要因素，都是通过对水泥水化过程所产生的影响而起作用的。

普通水泥养护龄期不得少于 7 昼夜；矿渣、火山灰水泥，不得少于 14 昼夜。只有当空气湿度在 95% 以上或有淋水的地点，可不要专门养护。

混凝土在正常养护条件下，其强度随龄期的增长而提高，最初 3～7d 内增长较快，以后逐渐变缓，全部增长过程可达数十年。

混凝土的浇捣对提高混凝土强度也有影响。在条件相同的情况下，采用振捣器捣实混凝土，其所需用水一般比采用人工捣实时小，故可用较小的水灰比，从而获得较高的强度。

混凝土混合料必须分层浇捣，每层浇灌的厚度不应超过表 1-12 的规定。

表 1-12　混凝土浇捣层的厚度

振捣混凝土的方法	浇灌层的厚度/mm
插入方式	振捣器作用部分长度的 1.25 倍
表面振捣	200
人工振捣	
在基础或无筋混凝土和配筋稀疏的结构中	250
在梁、墙板、柱结构中	200
在配筋密集的结构中	150

c 混凝土的耐久性

混凝土应具有适当的强度，除能安全承受设计荷载外，还应根据其周围的自然环境以及在使用上的特殊要求而具有各种特殊性能。例如，承受压力水作用下的混凝土，需要具有一定的抗渗性能；遭受环境水侵蚀的混凝土，需要具有与之相适应的抗侵蚀性能等。这些性能决定着混凝土经久耐用的程度，所以统称为耐久性。

混凝土的耐久性取决于组成材料的品质与混凝土的密实度。

提高混凝土耐久性的主要措施有：控制混凝土的最大水灰比（表 1-13），合理选择水泥品种，保证足够的水泥用量（表1-14），选用较好的砂、石骨料，合理地调整骨料级配；改善混凝土的施工操作方法，搅拌均匀，浇灌和振捣密实及加强养护以保证混凝土的施工质量。

表 1-13　混凝土最大水灰比限值

工程结构部位		严寒及寒冷地区		温暖地区	
		不掺加气剂	掺加气剂	不掺加气剂	掺加气剂
桥涵和挡土墙	受水流冲刷或冰冻作用的部分	0.65	0.65	0.65	0.70
	最低冲刷线以下部分和不受水流作用的地上部分	0.65	0.70	0.70	0.75
	填充混凝土	不予规定	不予规定	不予规定	不予规定
隧道衬砌	受冰冻部分	0.55	0.65	0.65	0.70
	不受冰冻部分	0.65	0.70	0.70	0.75
一般房屋部分或地面建筑		不予规定	不予规定	不予规定	不予规定

注：严寒地区，最冷月份平均温度低于-15℃；寒冷地区，最低月份平均温度为-15～-5℃；温暖地区，最冷月份平均温度高于-5℃。

表 1-14　混凝土的最小水泥用量

混凝土所处的环境条件	最小水泥用量（包括外掺混合材料）/kg·m^{-3}	
	钢筋混凝土和预应力混凝土	无筋混凝土
不受雨雪影响的混凝土	225	200
受雨雪影响的混凝土，位于水中及水位升降范围内的混凝土，潮湿环境中的混凝土	250	225
寒冷地区水位升降范围内的混凝土，受水压作用的混凝土	275	250
严寒地区水位升降范围内的混凝土	300	275
不受水压的地下结构（不受冻结作用）	250	225
受水压的地下结构（不受冻结作用）	275	250

注：1. 本表规定的最小水泥用量只适用于机械捣固，如用手工捣固其用量应增加10%；
　　2. 实际采用的水泥用量如在实验中能确保达到设计要求，可不受本表限制。

C　混凝土的配合比

混凝土各组成材料用量比例，即混凝土中水泥、砂、石用量比例（重量比或体积比，均以水泥为1）和水灰比（加水量与水泥用量之比），称为混凝土配合比。

1.4.2　临时支护

临时支护的形式较多，为了节省坑木和提高效率，经常采用的有金属临时支架和喷锚临时支护等。

1.4.2.1　金属拱形临时支护

采用石材、混凝土整体式支架的巷道，多在掘进后先架设临时支架，以防止掘进与砌碹之间这一段距离的顶、帮岩石的垮落。临时支架多采用金属拱形支架，它用的材料以15～18kg/m的钢轨或其他型钢制作，支架间距一般为0.8～1.0m。

金属拱形临时支架分为无腿的和带腿的两种。

金属拱形无腿临时支架常用的形式如图1-22所示。架设时首先在巷道两侧拱基线上方凿两个托钩眼，并安上托钩或钢轨橛子，架设拱梁，铺设背板，最后在两个拱梁之间安设拉钩和顶柱，使其成为一个整体。这种支架适用于岩层中等稳定没有侧压的拱形巷道中。

　　带腿的金属拱形临时支架，是在无腿拱梁上再加装可拆装的棚腿，如图1-23所示。这种支架多用在围岩压力较大，顶、帮围岩均不稳定的巷道中。

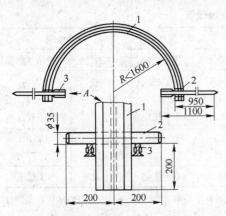

图1-22　无腿金属拱形临时支架
1—钢轨拱梁；2—托梁；3—钢轨楔子

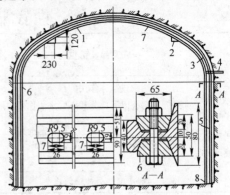

图1-23　金属拱形带腿临时支架
1—拱梁；2—顶托；3—拱肩；4—钢轨楔子；
5—棚腿；6—连接板；7—拉杆；8—棚腿垫板

1.4.2.2　喷锚支护

　　凡有条件的巷道，都应优先选用喷锚做临时支护。这种临时支护在爆破后应紧跟迎头，及时封闭围岩，防止岩石松动和垮落。其施工方法简单易行，便于实现机械化，且安全可靠，既是临时支护，又可以作为永久支护的一部分，如图1-24所示。

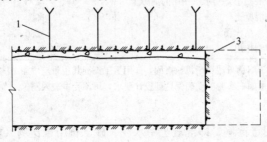

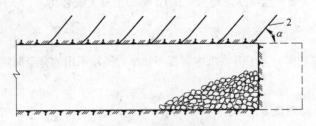

图1-24　喷锚紧跟迎头
1—锚杆；2—超前锚杆；3—喷射混凝土或喷砂浆

1.4.3　永久支护

1.4.3.1　棚式支护

　　棚式支架，简称棚子。有木支架、金属支架和装配式钢筋混凝土预制支架。棚式支架都是间隔式的，不能防止围岩风化。

A 木支架（木棚子）

木支架所用的材料称为坑木，直径一般为 6~22cm。巷道中常用的木支架多是梯形棚子（其结构如图 1-25 所示），由顶梁、棚腿以及背板、木楔等组成。

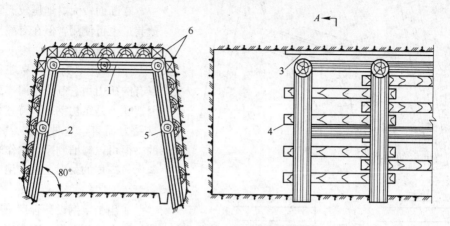

图 1-25 木支架
1—顶梁；2—棚腿；3—木楔；4—背板；5—撑柱；6—角楔

顶梁是木棚子支撑顶板压力的受弯构件。棚腿是顶梁的支点，棚腿与底板的夹角一般为 80°，并应插到坚实的底板岩石上。顶梁和棚腿通常用亲口接头（图 1-26），接头要求吻合紧密，安装时应用 4 个角楔在梁、腿接口处与顶、帮围岩之间楔紧。

每架棚子架好后，其平面应和巷道的纵轴相垂直。为了增加各架棚子的稳定性，棚子间可以打上小圆木或方木制作的撑柱或钉上拉条。

木支架一般可用于地压不大、巷道服务年限不长、断面较小的采区巷道里，有时也用作巷道掘进中的临时支架。

木支架重量轻，具有一定的强度，加工容易，架设方便，特别适

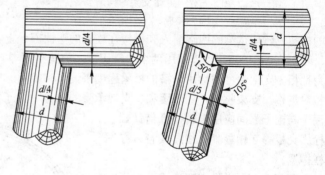

图 1-26 木支架亲口接头

应于多变的地下条件，构造上可以做成有一定刚性的，也可以做成有较大可缩性的。当地压突然增大时，木支架还能发出声响讯号。所以在采矿工程中用得最早，过去也用得最广泛。其缺点是：强度有限，不能防火，容易腐朽，使用年限短，且不能阻水和防止围岩风化。

B 金属支架

金属支架（金属棚子）强度高、体积小、坚固、耐久、防火，在构造上可以制成各种形状的构件，虽然初期投资大，但巷道维修工作量小，并可以回收复用。所以金属支架是一种优良的坑木代用品。

金属支架常用 18~24kg/m 钢轨或 16~20 号工字钢制作。它也是由两腿一梁构成金属棚子（图 1-27）。梁腿连接要求牢固、简单，拆装方便。图 1-27b 所示的接头比较简单、方便，但不够牢固，支架稳定性差；图 1-27a 和图 1-27c 所示的接头比较牢固，但拆卸不太方便。棚腿的下端应焊一块钢板或穿有特制的"柱鞋"，以增加承压面积，防止棚腿陷入巷道底板。有

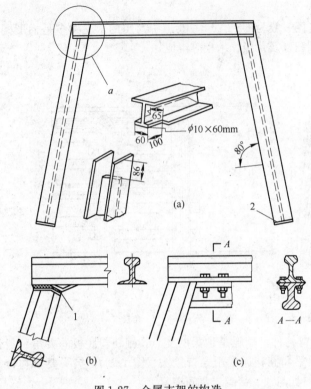

图 1-27　金属支架的构造

1—木垫板；2—钢垫板

时还可以在棚腿下加设垫木，尤其在松软地层中更应如此。

这种支架通常用在回采巷道中，在断面较大、地压较严重的其他巷道也可使用，但在有酸性水的情况下应避免使用。

由于轻型钢轨容易获得，所以有的矿山用它制作金属支架，但因钢轨不是结构钢材，就其材料本身受力而言，这种用法是不合理的，但可以修旧利废。制作金属支架比较理想的材料，是矿用工字钢和 U 型钢。

矿用工字钢设计合理，受力性能好，它的几何形状适合作金属支架。U 型钢也是一种矿用特殊型钢，适宜制作可缩性金属拱形支架，如图 1-28 所示。

可缩性金属拱形支架，由三个基本构件组成：一根曲率为 R_1 的弧形拱梁和两根上端带曲率为 R_2 的柱腿。弧形拱梁的两端插入和搭接在柱腿的弯曲部分上，组成了一个三心拱。梁腿搭接长度 L 约为 $300\sim400\mathrm{mm}$，该处用两个卡箍固定。柱腿下部焊有 $180\mathrm{mm}\times150\mathrm{mm}\times10\mathrm{mm}$ 的钢板作为地板。支架的可缩性用卡箍的松紧程度来调节和控制。当地压达到某一限度后，搭接部分相对滑移，支架收缩，从而缓和了支架承受的压力。为了加强支架沿巷道轴线方向的稳定性，棚子与棚子之间应用金属拉杆借助螺栓、夹板等互相紧紧拉住，或打入撑柱撑紧。

可缩性金属拱形支架适用于地压大、地压不稳定、围岩变形较大的采区巷道和断层破碎带地段，所支护的巷道断面一般不大于 $12\mathrm{m}^2$。

C　支柱工操作规程

a　坑木运送

(1) 运送材料时，严禁损坏电力线、照明线、电机车架空线、供风（水）管线和轨道及风门等设施和构筑物。

(2) 往罐、箕斗中装料，有坠入可能的缝隙必须用 2.5cm 厚的优质木板堵严。材料不得突出容器之外，

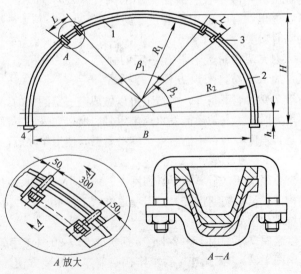

图 1-28　可缩性金属拱形支架

1—拱梁；2—柱腿；3—卡箍；4—垫板

并用绳子捆好。在无容器的地方下料,高度超过10m时,应用绳子捆着下放,严禁自由滑落,下料时必须做好上下联系。

b 施工准备

(1)作业前先吹净炮烟。人员站在安全地点洒水清洗顶、帮,工作面和浇透矿(废)石堆。

(2)撬净工作面浮石。撬不下来且有空声的顶帮要做上明显的标志或做好临时支柱,并通知有关人员。

(3)撬毛石时,应从水平巷道的外面向里面进行。

c 木棚子、木立柱的架设

(1)梁和腿的结合要严密,其夹角一般为100°~110°,顶压大夹角小,侧压大夹角大。棚腿柱窝应挖到硬岩,松软地段应垫基石或设地梁。棚梁与棚腿须在同一平面上,并需与巷道中心线成直角。梁的中部及腿的顶端与顶帮间的空隙均应用木楔楔紧。为防止棚子发生前后倾斜,各棚之间应用直径不小于10cm的撑木互相支撑。

(2)为防止巷道顶帮岩石的片落,棚壁间必须填塞结实。

(3)在顶盘节理发达松软处支立顶柱时,为扩大顶柱支护面积,顶柱上端应加柱帽。柱帽用劈开的半边坑木制作,宽度略小于柱顶直径,至少伸出柱顶两边各0.2m。柱顶鸭嘴大小要大于柱帽木圆弧,柱帽轴线方向应与断层、节理、倾斜成直角。

(4)棚腿和立柱应大头向下,下端做适当切削,其切削长度不得超过直径,切割后端顶的大小不得小于直径的0.5倍。

d 木垛的架设

(1)架设木垛的木材应采用圆木或方木。用圆木时,为增加稳固性,应将相叠处削成上下平行的结合面。

(2)木垛架叠高度一般为坑木长的2倍以下,最高不得超过3倍。

(3)架设木垛的位置,应坚实平坦,木垛顶底必须与顶底盘密接,并以木楔楔紧,相叠点位置应在一直线上。

(4)在倾斜面上架设木垛时,应设临时托柱,而后进行叠架,以免其歪斜或转落。木垛与底盘接触的坑木必须与倾斜方向一致。

1.4.3.2 混凝土支护

A 混凝土支架的结构特点及适用条件

a 混凝土支架的结构特点

混凝土(或称现浇混凝土)支架本身是连续整体的,对围岩能起封闭和防止风化作用。这种支架的主要形式是直墙拱形,即由拱、墙和墙基所构成,如图1-29所示。

拱的作用是承受顶压,并将它传给侧墙和两帮。在拱的各断面中主要产生压应力及部分弯曲应力,但在顶压不均匀和不对称的情况下,断面内也会出现剪应力。内力主要是压力,可以充分发挥混凝土抗压强度高而抗拉强度低的特性。

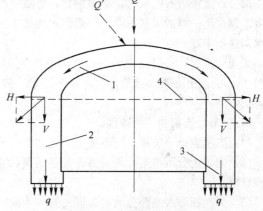

图 1-29 混凝土支架的组成及顶压受力传递示意图
1—拱;2—墙;3—墙基;4—拱基线
Q—顶压;H—横推力;V—竖压力;q—传给底板的压力;
Q'—斜向顶压

拱的厚度决定于巷道的跨度和拱高、岩石的性质以及混凝土本身的强度，可用经验公式计算，更多是查表 1-15 选取。

表 1-15　整体混凝土拱支护厚度（mm）

巷道净跨度 /mm	f＝3		f＝4～6		f＝7～10	
	拱	壁	拱	壁	拱	壁
＜2000	170	250	170	200		
2100～2300	170	250	170	250		
2400～2700	200	300	170	250		
2800～3000	200	300	200	250		
3100～3300	200	300	200	300		
3400～3700	230	350	230	300		
3800～4000	230	350	230	300		
4100～4300	250	350	250	300		
4400～4700	270	415	250	350		
4800～5000	300	415	270	350	230	300
5100～5300	300	465	270	415	230	300
5400～5700	330	465	300	415	250	300
5800～6000	350	515	300	415	250	350
6100～6300	370	515	330	465	270	350
6400～6700	400	565	330	465	270	350
6800～7000	400	565	350	515	270	350

注：混凝土标号为 100～150 号（抗压强度为 10～15MPa）。

墙的作用是支承拱和抵抗侧压。一般为直墙，如侧压较大时，也可改直墙为曲墙。在拱基处，拱传给墙的荷载是斜向的，由此产生横推力，如果在拱基处没有和围岩充填密实，则拱和墙在横推力作用下很容易变形而失去稳定性。

墙厚应大于或等于拱厚，通常等于拱厚。

墙基的作用是将墙传来的荷载与自重均匀地传给底板。底板岩石坚硬时，它可以是直墙的延深部分；底板岩石松软时，必须加宽；有底鼓时，还必须砌底拱。墙基的深度不应小于墙的厚度。靠水沟一侧的墙基深度，一般和水沟底板同深，但在底板岩石松软破碎的，则墙基要超深水沟底板 150～200mm。

采用底拱时，一般底拱的矢高为顶拱矢高的 1/8～1/6；底拱厚度为顶拱厚度的（0.5～0.8）倍。混凝土支架承受压力大，整体性好，防火阻水，通风阻力小。但施工工序多，工期长，成本高。

b　混凝土支架的适用条件

(1) 当围岩十分破碎，用喷锚支护优越性已不显著时；

(2) 围岩十分不稳定，顶板活石极易塌落，喷射混凝土喷不上、粘不牢，也不容易钻眼装设锚杆时；

(3) 大面积淋水或部分涌水处理无效的地区；

(4) 服务年限长的巷道。

B　碹胎和模板

平巷混凝土支架施工时需要碹胎和模板。为了节省木材，提高复用率，常采用金属碹胎、模板，对于一些特殊硐室及交叉点仍然部分采用木碹胎和模板。

在施工中，碹胎承受混凝土的重量、工作台荷载、施工中的冲击荷载等，因此要求有一定的强度和刚度。在实际工作中，碹胎的结构形式和构件尺寸大小，一般按经验选取。

木碹胎一般用方木或 2～3 层板材，分 2～3 段拼接而成，如图 1-30 所示。

金属碹胎，一般用 14 号～18 号槽钢或 15～24kg/m 钢轨制成，如图 1-31 所示。

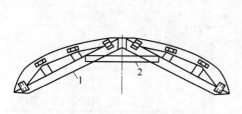

图 1-30　木碹胎

1—碹胎；2—固定板

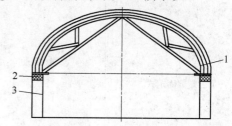

图 1-31　金属碹胎

1—石碹胎拱顶；2—托梁；3—石碹胎柱腿

模板一般用 8～10 号槽钢或厚 30～40mm 木板制成。金属模板具有强度高、不易变形、容易修复、复用率高、节省木材等优点，施工时应优先选用。矿用塑料模板具有重量轻、脱模容易、拆装迅速、抗腐蚀、使用寿命长等特点，重复使用次数可达 30～40 次，可在巷道或井筒中推广使用。

C　混凝土支架安全操作规程

(1) 工作前应对施工作业面详细检查，认为安全后方准作业。发现问题，应及时采取临时安全措施处理。工作时精神要集中，不得打闹、开玩笑。

(2) 浇灌混凝土时应检查模板是否支得牢固。捣固时不要用力过猛，以免混凝土崩入眼、脸部。

(3) 工作台要牢固严密，以防折断或碎石坠落伤人。

(4) 浇灌混凝土时，应注意模板钉子。在高空危险处浇灌混凝土时，必须系好安全带，以防坠落。

(5) 使用震动器注意事项：震动器传动部分必须有防护罩；所有开关必须良好，所用导线必须是橡皮绝缘软线；必须有接地或接零，移动震动器必须停电；使用震动器必须穿胶靴，戴绝缘手套。

(6) 砌碹前拆除原有支架时，必须及时清理顶帮浮石，并采取临时护顶措施；砌碹后应将顶帮空隙填实；金属碹胎各节点需用螺栓连接，木碹胎的各节点必须牢固可靠；碹胎的强度，应具有不小于支撑重量 3 倍的安全系数。

1.4.3.3　锚杆支护

锚杆是一种锚固在岩体内部的杆状支架。采用锚杆支护巷道时，先向巷道围岩钻孔，然后在孔内安装和锚固由金属、木材等制成的杆件，用它将围岩加固起来，在巷道周围形成一个稳定的岩石带，使支架与围岩共同起到支护作用。但是锚杆不能防止围岩风化，不能防止锚杆与锚杆之间裂隙岩石的剥落，因此，在围岩不稳定情况下，往往采取锚杆再配合其他措施，如挂金属网、喷水泥砂浆或喷射混凝土等联合使用，这种支护称为喷锚或喷锚网联合支护。

A　锚杆的种类及其安装

目前国内外使用的锚杆种类很多，按其锚固方式，可分为端部固定式、全长固定式、混合式三类。每种又分为不同的形式，如表 1-16 所示。

表 1-16　锚 杆 分 类

设置方式	锚固原理	锚杆的形式	
		基 本 型	实 用 型
端部固定式	机械锚固	楔缝型	楔缝型
			双楔型
			楔缝-胀圈混合型
		胀圈型	胀圈型
			双胀圈型
			异型胀圈型
		爆固型	用火药爆炸固定的锚杆
	胶结锚固	头胶结型	用环氧树脂胶结
			用聚合树脂胶结
全长固定式	化学剂或水泥浆锚固	全钻孔充填型	用混凝土胶结
			用水泥浆胶结
			用水泥砂浆胶结
		全面胶结型	用环氧树脂胶结
			用聚合树脂胶结
	挤压孔壁产生摩擦力锚固	全钻孔摩擦型	开缝式钢管型

a　金属楔缝式锚杆

金属楔缝式锚杆由杆体、楔子、垫板和螺帽组成，如图 1-32 所示，其中楔子和杆头组成锚固部分，垫板、螺帽和杆体下部组成承托部分。杆体一般用普通低碳钢制成，直径为 18～22mm，头部有长 150～200mm、宽 3～5mm 的楔缝，尾部长 100～150mm 部位加工成螺纹。楔子用软钢或铸铁制成，一般长 140～150mm，其宽度等于杆体直径或略小 2～3mm。楔子尖端厚度取 1.5～2mm。垫板常用厚为 6～10mm 钢板做成方形，其边长为 140～200mm，有时也可以用铸铁制成各种形状的垫板，以适应凹凸不平的岩面。

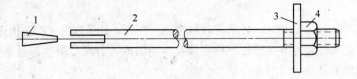

图 1-32　金属楔缝式锚杆
1—楔子；2—杆体；3—垫板；4—螺帽

安装时，先把楔子插入楔缝中送入眼底，然后在杆体外露端加保护套，再不断地锤击楔子挤入楔缝而使杆体端部张开与眼壁围岩挤压固紧。最后在锚杆的外露端套上垫板，将螺帽拧紧。

金属楔缝式锚杆结构简单，加工容易，使用可靠，锚固力大，但不能回收，孔深要求比较严格，在软岩中不宜使用。

b　金属倒楔式锚杆

倒楔式锚杆由杆体、固定楔、活动倒楔、垫板、螺帽组成，如图 1-33 所示。

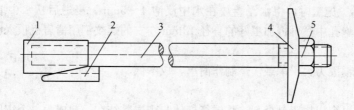

图 1-33 金属倒楔式锚杆

1—固定楔；2—倒楔；3—杆体；4—垫板；5—螺帽

杆体用 φ12～16mm 的圆钢制作，固定楔、倒楔、垫板都可用铸铁制作。

安装时，先将倒楔楔头下部和杆体绑在一起，一齐轻轻插入眼孔中，然后用一专用锤锤击杆体插入眼孔内，打击倒楔尾部，使锚杆固定在孔壁上，最后套上垫板，拧紧螺帽。

这种锚杆比楔缝式可靠，对眼孔要求不严，可以回收，结构简单，易于加工，在金属锚杆中是比较好的一种形式。

c 钢筋（钢丝绳）砂浆锚杆

这是一种全长固定型锚杆，如图 1-34 所示。施工时，先向孔内灌注水泥砂浆，然后插入钢筋。这类锚杆是利用砂浆与钢筋、围岩间的黏结力来阻止围岩的变形，起到锚固围岩的作用。

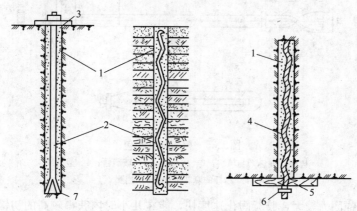

图 1-34 钢筋或钢丝绳砂浆锚杆

1—砂浆；2—钢筋；3—金属垫板；4—钢丝绳；5—木托板；

6—卡子；7—金属楔子

锚杆的钢筋一般为直径 10～16mm 的光面或螺纹钢筋。砂浆标号应不低于 200 号，采用 325 号或 425 号普通硅酸盐水泥和粒径小于 3mm 的中细砂加水拌和而成。常用的配合比（重量比）为水泥∶砂＝1∶1～1∶1.2，水灰比为 0.38～0.42，砂浆以用手可捏成团，但挤不出浆，松手不散开为宜。

我国矿山还广泛采用钢丝绳砂浆锚杆。这种锚杆利用废旧钢丝绳经除锈去油和破股平直后，取用直径为 10～19mm 的绳股，先插入孔内，后注砂浆固结而成。

钢筋或钢丝绳砂浆锚杆，加工方便，成本低廉，锚固力大而持久，因此应用比较广泛。但是，砂浆没有硬化时，锚杆不能承载，所以在围岩破碎处不宜使用。

d 水泥卷锚杆

将一定比例的水泥、砂子及速凝剂等配料混合后装入透水袋中，制成直径 32mm、长度

200mm 的水泥卷。施工时，将水泥卷放在水中浸泡 4～5min，浸透后从水中取出待稍有强度时，用炮棍装入炮孔中，再将加工好的直径 12mm 左右的螺纹钢用凿岩机顶入已装好水泥卷的炮孔中。

水泥卷锚杆锚固力大，承载快，制作简单，成本低。

e　树脂锚杆

树脂锚杆是以合成树脂黏合剂，将锚杆杆体与围岩黏结在一起成为一个牢固的整体，达到支护目的。

树脂锚杆用的树脂为环氧树脂或不饱和聚酯树脂。使环氧树脂聚合的固化剂有乙二胺、三乙烯四胺等；聚酯树脂的固化剂有过氧化环己酮、过氧化苯甲酰等。加速树脂聚合速度的促进剂有二甲基苯胺。

为降低树脂用量，提高黏结剂的强度，还要加石粉或石英砂等填料。

树脂锚杆安装前，需将树脂、促进剂和填料装在塑料袋中，形成树脂药包，再将装有固化剂的玻璃管置于药包之中。

将树脂药包放入孔内，再将杆体插入孔内，杆体用直径 16～18mm 的普通圆钢制成，末端制成麻花状，搅动杆体，使树脂溢满钻孔，待树脂固化后，拧紧螺帽，如图 1-35 所示。

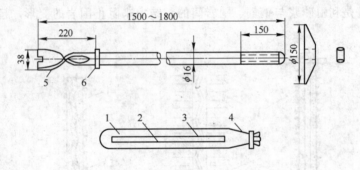

图 1-35　树脂锚杆药包

1—树脂、促进剂与填料；2—固化剂；3—玻璃管；4—塑料袋；
5—锚杆的麻花部分；6—挡圈

树脂锚杆的锚固力较大，胶凝固化速度快，能在几小时内获得较高的初锚能力，从而迅速、有效地产生锚固作用。

f　摩擦式金属锚杆

摩擦式金属锚杆（又称管缝式锚杆、开缝式锚杆等）是国外 70 年代后期发展起来的新型锚杆。这种锚杆具有新的工作原理和良好的力学性能，结构简单，制造容易，安装方便，质量可靠，经济效果明显，具有广阔的发展前途。

这种锚杆采用一条沿纵向开缝的高强钢管，故又称开缝式钢管锚杆。其顶部呈锥形，以利于安装；尾部焊有钢环，用以支托与岩面紧密接触的垫板，对岩石提供支撑抗力。锚杆材料一般为 16Mn 和 20MnSi 钢，管壁厚 2.0～2.5mm，管径 38～41.5mm，开缝 14mm，其结构如图 1-36 所示。钢垫板采用 T3 钢，其尺寸为 150mm×150mm×6mm，锚杆长一般为 1.2m、1.5m、1.8m 和 2.1m。

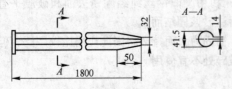

图 1-36　摩擦式锚杆结构图

安装时，通常采用 YT-25 型、YSP-45 型或 YT-23 型凿岩机，凿岩机通过联结器（图 1-37）将锚杆强行压入直径较管外径小 2~3mm 的钻孔中，依靠优质钢管的弹性变形恢复力而与孔壁紧紧挤压，在杆体全长范围内向孔壁岩石施加径向应力，产生阻止岩层离层滑移的摩擦阻力；垫板亦产生支承压力，使围岩处于三向受力状态，达到稳定。

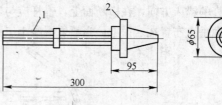

图 1-37 联结器
1—钎尾；2—联结器

缝管锚杆的主要技术特点是：结构简单，安装简便，立即发生锚固作用；锚杆全长受力，锚固可靠；当钻孔有横向位移时，锚固力更大，且锚固力随时间而增长；作为永久支护，须增加防锈蚀措施，如锚杆孔全长灌浆。

B 锚杆参数与布置

锚杆参数指锚杆直径、长度、布置间距等。当前锚杆参数设计理论尚不成熟，主要根据经验和工程类比法选择锚杆参数，必要时可根据经验公式进行验算。表 1-17 所示为国内几个矿山使用锚杆支护的实例。

表 1-17 国内几个冶金矿山使用锚杆支护的实例

单 位	工程名称	跨度 /mm	地质条件	支护类型	锚杆长度 L/m	锚杆间距 D/m	锚杆长度与巷道跨度比	D/L
梅山铁矿	破碎机硐室	10.5	高岭土化安山岩与矽化安山岩	喷-锚-网	2.2~3.0	0.8	1/3~1/4	0.31~0.37
	副井运输巷道	4.0	高岭土化安山岩泥灰角砾岩石	喷锚	1.5	1.0	1/2.6	0.66
金山店铁矿	破碎机硐室	11.5	节理不发育的石英闪长岩	喷-锚-网	2.5~3.0	0.86~1.0	1/4	0.4
	运输巷道	4.0	节理间充填有高岭土、绿泥石的石英闪长岩	喷锚	1.5	1.0	1/2.6	0.66
南芬铁矿选厂	泄水洞	3.4	钙质、泥质、炭质页岩与石英岩、泥灰岩互层	喷锚	1.5	1.0	1/2.3	0.66
中条山铜矿	电耙道	3.1	节理较发育的大理岩	喷锚	1.6	1.0	1/2	0.66

锚杆的长度一般为 1.5~3.0m，锚杆间距不宜大于锚杆长度的二分之一。

锚杆的布置主要依据围岩的性质而定，可排列成方形或梅花形。前者适用于较稳定的岩层，后者适用于稳定性较差的岩层，其布置如图 1-38 所示。

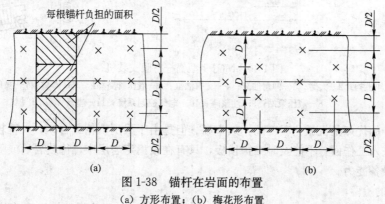

图 1-38 锚杆在岩面的布置
(a) 方形布置；(b) 梅花形布置

锚杆的锚入方向，在横断面上，锚杆应与岩体主结构面呈较大角度布置；不明显时，可与周边轮廓垂直布置在岩面上。当喷射混凝土层不能维持危岩稳定时，应设置局部锚杆。

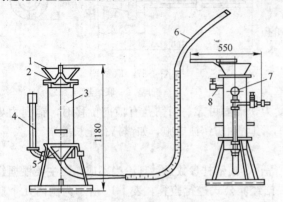

图 1-39   MJ-2 型锚杆注浆罐

1—受料漏斗；2—钟形阀；3—储料罐；4—进风管；
5—锥管；6—注浆管；7—压力表；8—排气管

C   锚杆的安装与检验

a   锚杆的安装

为了获得良好的支护效果，一般多在爆破后即安装顶部锚杆。当围岩稳定时，也可以在爆破后先喷混凝土，待装岩后再用锚杆打眼安装机进行支护工作，或者掘进与打锚杆眼、安装锚杆平行作业，即装岩机后面用锚杆打眼安装机进行支护。

灌注水泥砂浆多采用锚杆注浆罐。这类设备较多，但都大同小异，因其结构简单，各地现场皆可自制。图 1-39 所示为 MJ-2 型锚杆注浆罐。

为了提高锚杆安装的机械化程度，使用锚杆打眼安装机，如 MGJ-1 型锚杆打眼安装机，可将钻眼、安装、注浆三道工序集中在一台设备上进行，其结构如图 1-40 所示。

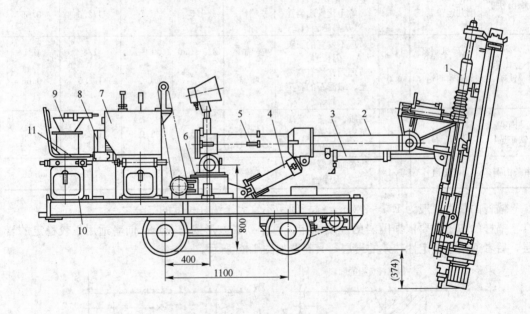

图 1-40   MGJ-1 型锚杆打眼安装机

1—工作机构；2—大臂；3—仰角油缸；4—支撑油缸；5—液压管路系统；6—车体；7—操作台；
8—液压泵站；9—注浆罐；10—电气控制系统；11—座椅

这种设备的优点是机械化程度高，效率高。但是由于采用轨轮式台车，大臂较短，必须在装岩后才能进入工作面，不能及时维护顶板，只有在较稳定岩层中，待装岩后或随装岩机后作业才能发挥设备能力。

b   锚杆的检验

为了保证锚杆支护质量，必须对锚杆施工加强技术管理和质量检查，主要检查锚杆眼直径、深度、间距和排距以及螺帽的拧紧程度，并对锚杆的锚固力进行抽查检验。如发现锚固力不符合设计要求，则应重新补打锚杆。锚杆锚固力试验，一般可采用 ML-20 型锚杆拉力计（图 1-41）或其他锚固力试验装置进行。

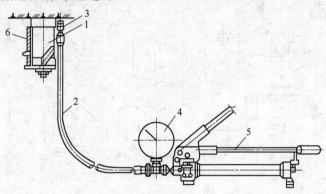

图 1-41 ML-20 型锚杆拉力计

1—空心千斤顶；2—油管（胶管）；3—胶管接头；4—压力表；
5—手动油泵；6—标尺

ML-20 型锚杆拉力计的主要部件是一个空心千斤顶和一台 SY4B-1 型高压手摇泵，其最大拉力为 196kN，活塞行程 100mm，重量 12kg。试验时，用卡具将锚杆紧固于千斤顶活塞上，然后将高压胶管与手摇泵连接起来；摇动油泵手柄，高压油经胶管达到拉力计的油缸，推动活塞拉伸锚杆。压力表读数乘以活塞面积即为锚杆的锚固力。锚杆位移量可从活塞一起移动的标尺上直接读出。

做拉拔试验时，除检验锚固力外，在规定的锚固力范围内要求锚杆的拉出量不超过允许值。

对钢筋（钢丝绳）砂浆锚杆，还必须进行砂浆密实度试验。选取内径为 38mm、长度与锚杆相同的钢管或塑料管 3 根，将管子一端封死，分别按与地面平行、垂直、倾斜方向固定，然后向管内注砂浆（砂浆配合比与施工相同），同时插入钢筋。经养护一周后，将管子横向断开，纵向剖开，检查钢筋位置及砂浆密实程度。

1.4.3.4 喷射混凝土

A 喷射工艺

喷射混凝土是将按一定比例配合的水泥、砂、石子和速凝剂等混合均匀搅拌后，装入喷射机，以压缩空气为动力，使拌和料沿输料管吹送至喷头处与水混合，并以较高的速度喷射在岩面上，凝结硬化后而成的高强度、与岩面紧密黏结的混凝土层。

喷射混凝土按其施工工艺分为两种：一种是干式喷射，即水泥、砂、石的干拌和料在喷头处与水混合，然后喷射到岩面上，其工艺流程如图 1-42 所示；另一种是湿式喷射，即干拌和料在搅拌机中与水混合，再经喷头喷射出去。干式喷射是目前使用最多的，它的主要问题是回弹率高、粉尘大、作业条件差。湿式喷射回弹和粉尘都较少，但易堵管。

喷射混凝土具有较高的强度、黏结力和耐久性，但它会产生一定的收缩变形。喷射混凝土广泛用于井巷工程中，具有机械化程度高、施工速度快、材料省、成本低、质量好等特点，是一种有发展前途的新型支护形式。

B 施工机具

喷射混凝土的施工机具，主要包括喷射机、干料搅拌机、上料设备和机械手等。

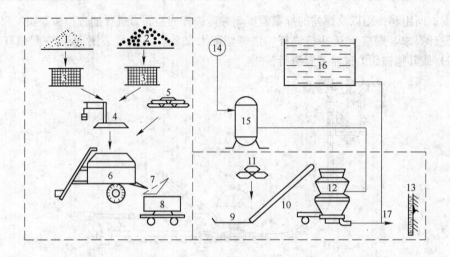

图 1-42　喷射混凝土工艺流程

1—砂子；2—石子；3—筛子；4—计量器；5—水泥；6—搅拌机；7—筛子；8—料车；

9—料盘；10—上料机；11—速凝剂；12—喷射机；13—受喷面；14—压风管；

15—风包；16—水箱；17—喷头

a　混凝土喷射机

目前国内常使用的干式喷射机有转体式 ZHP-2 型、双罐式 WG-25 型、螺旋式 LHP-701 型、简易负压式 HPX 型及湿式喷射机 HLF-5 型等，它们的技术特征如表 1-18 所示。

表 1-18　常用混凝土喷射机主要技术特征

项　　目	干式喷射机			湿式喷射机
	ZHP-2 型	WG-25 型	LHP-701 型	HLF-5 型
生产能力（拌和料）/m³·h⁻¹	4～5	4	3～5	5～6
骨料最大粒径/mm	25	25	30	20
输料管内径/mm	50	50	75	50
压气工作压力/MPa	0.3～0.5	0.1～0.6	0.15～0.3	3～6
压气消耗量/m³·min⁻¹	5～10	7～8	5～8	10
电动机型号	—	J051-6	BJO₂-41-4	—
电动机功率/kW	4.0	2.5	4.0	4
电动机转速/r·min⁻¹	960	960	1400	—
喷料盘或主轴转速/r·min⁻¹	9.6	10.3	10.3	
最大输送距离/m（向上）	60	40	5	40
（水平）	200	200	8～12	80
自重/kg	650	850	360	600
外形尺寸（长×宽×高）/mm	1425×750×1250	1650×850×1630	1330×730×750	1800×850×1300

（1）ZHP-2 型转体式混凝土干喷机，其工作原理如图 1-43 所示。旋转体是这种喷射机的核心，转盘上有 14 个气杯和 14 个料杯，每个气杯只与一个料杯连通。当料杯旋转至入料口

时，由拨料板、定量板将混合料装入料杯。料杯继续旋转至与出料弯头连通的时候，进风管与气杯也相通，则料杯中的混合料被送入输料管，如此循环不已，则混凝土干料即可连续地送入输料管。该机目前使用最为广泛。

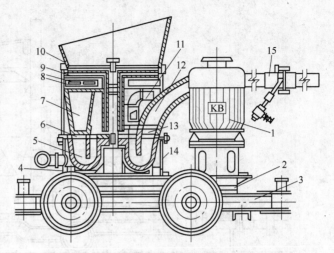

图 1-43 ZHP-2 型混凝土喷射机结构示意图
1—电动机；2—减速器；3—行走部分；4—平面轴承；5—旋转体；
6—旋转板；7—上座体；8—配料盘；9—定量板；10—搅拌器；
11—进风管；12—出料弯头；13—密封胶板；14—下座体；
15—喷射管路

喷头的作用是使高压水与混凝土干料均匀混合并使料束集中，以较高速度射向岩面。喷头的形式很多，一般由喷头体、水环、拢料管组成，如图 1-44 所示。喷头的水量由进水阀控制，经水环上两排直径 1～1.5mm 的小孔变成雾状，并在此与干料混合。

拢料管多为直径 45mm，长 500mm 的塑料管，保证水与混合料有较多混合时间，减少粉尘含量。喷头由人工操作或用机械手操作。

（2）HLF-5 型罐式混凝土湿喷机，如图 1-45 所示。并列的罐体 4 上方有一个共用的料斗 5，下方各有一个输料螺旋 10，两个罐体交替入料，并经各自的输料螺旋交替输料。在两个输料螺旋的前端各装一个进风环，压气经进风环进入，使混凝土湿料稀释，并将其吹入出料管。两面罐的出料管在气动交换器 1 处汇合，经常保持一个出料管与输料管连通。工作时，料斗 5 中的拨料片，由电动机 2 经减速器 3 驱动，不停旋转，拨动加入的混凝土湿料。

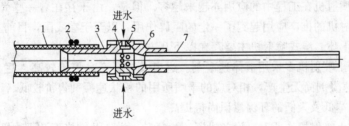

图 1-44 喷头的结构图
1—输料软管；2—3 号铁丝；3—胶管接头；4—喷头座；5—水环；
6—拢料管接头；7—拢料管

当操纵阀 6 扳到一侧时，球阀气缸 9 使一个球面阀 7 打开，另一个球面阀关闭，拨料片向打开的罐体供料。装满后，将操纵阀扳到另一侧，重罐关闭，空罐打开，同时离合器 11 使重罐的输料螺旋 10 运行，气动交换器 1 使其出料管与输料管接通，重罐风环进风，空罐排气，罐内混凝土湿料经输料管达到喷头向外射出。如此交换入料和出料，连续喷射。

1）湿式混凝土喷射机主要优点：

① 大大降低了机旁和喷嘴外的粉尘含量，消除了对工人健康的危害。

② 生产率高。干式混凝土喷射机一般不超过 5m³/h。而使用湿式混凝土喷射机，人工作业时可达 10m³/h；采用机械手作业时，则可达 20m³/h。

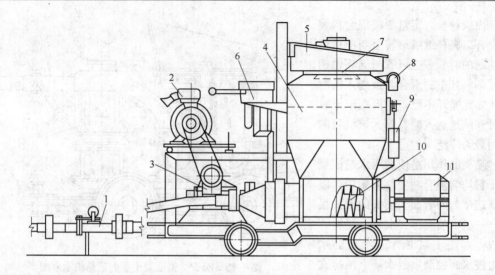

图 1-45　HLF-5 型罐式混凝土湿喷机

1—气动交换器；2—电动机；3—减速器；4—罐体；5—料斗；6—操纵阀；7—球面阀；
8—排气阀；9—球阀气缸；10—输料螺旋；11—离合器

③ 回弹度低。干喷时，混凝土回弹度可达 15％～50％。采用湿喷技术，回弹率可降低到 10％以下。

④ 湿喷时，由于水灰比易于控制，故可大大改善喷射混凝土的品质，提高混凝土的匀质性。而干喷时，混凝土的水灰比是由喷射手根据经验及肉眼观察来进行调节的，混凝土的品质在很大程度上取决于机械手操作正确与否。

2) 湿式混凝土喷射机推广应用中需解决的一些问题：目前，由于湿喷技术具有明显的优势，湿式混凝土喷射机在工程中的应用亦越来越多。但是，由于存在着一些尚待解决的问题，对湿式混凝土喷射机的推广应用起到了一定的阻碍作用，以至于在我国，目前主要的喷射混凝土作业方式仍是干喷。湿式喷射机主要存在以下几方面问题：

① 湿式混凝土喷射机多采用液体速凝剂。进口及合资产品售价较高（达 6000～8000 元/t），而国产液体速凝剂尚无生产，相对应的干喷所用的粉状速凝剂售价较低（1000 多元/t）。

② 劳动力成本低及人们的环保意识尚待提高。

③ 湿式混凝土喷射机作业时，设备投资较为复杂，操作及维修不及干喷机方便。

④ 使用湿式混凝土喷射机作业时，设备投资较高。

以上种种因素造成湿喷混凝土施工成本高于干喷混凝土施工成本，使湿式混凝土喷射机在国内的推广受到一定程度的限制。但是，随着环保意识的加强，以及人们对喷射混凝土施工质量更高的要求，湿式混凝土喷射机必将越来越多地取代干式混凝土喷射机而成为喷射混凝土作业的主要机具。

b　喷射混凝土支护的配套机械

为了提高效率，改善工作条件，各种喷射混凝土支护的配套机械正在研制试验中。喷射混凝土支护的配套机械有石子筛洗机、混凝土搅拌机、上料设备和喷射机械手等。

（1）搅拌设备。安Ⅳ型螺旋搅拌机可以与各种类型的干式喷射机配套使用。

（2）机械手。喷射混凝土时，回弹量大，粉尘多，劳动条件差。为了解决这一问题，以及提高支护机械化程度，近年来设计、试制了多种机械手。国产的有 HJ-1 型简易机械手和液压机械手两种。

简易机械手（图1-46）工作时，喷射位置由喷射手调整手轮、立柱高度和小车位置。喷嘴的摆动由电机、减速器通过软轴带动，代替人工进行混凝土喷射作业。

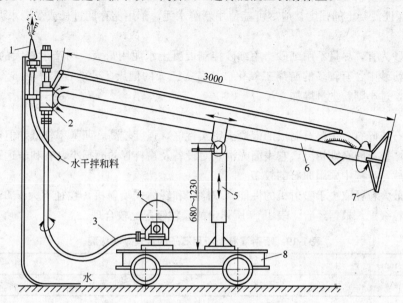

图1-46　简易机械手示意图

1—喷嘴；2—回转器；3—软轴；4—电动机及减速器；5—伸缩立柱；
6—回转杠杆；7—手轮；8—小车

液压机械手（图1-47）的特点是各动作部分均由液压驱动，机械手可以在喷头后面控制喷射作业。上述两种机械手，在施工中可以减轻劳动强度，改善作业环境，并有助于施工质量的提高，但仍存在一些问题，尚需进一步改进。

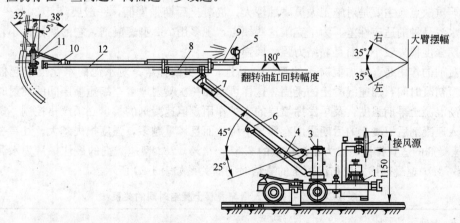

图1-47　液压机械手

1—液压系统；2—风水系统；3—转柱；4—支柱油缸；5—照明灯；6—大臂；7—拉杆；
8—翻转油缸；9—伸缩油缸；10—摆角油缸；11—回转器；12—导向支撑杆

C　原材料及配比

喷射混凝土由水泥、砂、石子、水和速凝剂等材料组成。由于喷射混凝土工艺的特殊性，对原材料的性能规格的要求与普通混凝土有所不同。

　　a　水泥

喷射混凝土要求凝结硬化快，早期强度高，应优先选用普通水泥，水泥标号一般不应低于325号。为保证混凝土的强度，应尽可能使用新鲜水泥。禁用储存期过长或受潮水泥。

　　b　砂

以中粗砂为宜，尽量不用细砂。用细砂拌制混凝土水泥用量大，易产生较大的收缩变形，而且过细的粉砂中含有较多的游离二氧化硅，危害工人的健康。砂的含水率在5%左右为宜，过大易堵管，过小则粉尘量增加。

　　c　石子

可用卵石或碎石。用碎石制成的混凝土密实性好，强度较高，回弹率较低，但对施工设备和管路磨损严重；卵石则相反，它表面光滑，对设备及输料管的磨损小，有利于远距离输料和减少堵管事故，工程中采用卵石的较多。

石子的最大粒径取决于喷射机的性能，双罐式和转体式喷射机，粒径不大于25mm，并应有良好的颗粒级配。根据经验，表1-19所列出的颗粒级配比较合理。

表1-19　喷射混凝土所用石子的合理颗粒级配

粒径/mm	5～7	7～15	15～25
百分率/%	25～35	45～55	<20

将大于15mm的石子控制在20%以下，不仅可以减少回弹量，也有利于减少混合料在管路内的堵塞现象。

　　d　速凝剂

速凝剂是促使水泥早凝的一种催化剂。对速凝剂的要求是：加入后混凝土的凝结速度快（初凝3～5min，终凝不大于10min），早期强度高，后期强度损失小，干缩变化不大，对金属腐蚀小等。当前我国生产的红星一型和711型速凝剂基本上能满足施工的要求。但这两种速凝剂存在严重缺点，主要是对施工人员腐蚀性大，混凝土后期强度低，一般要降低30%～40%，而且对水泥品种的适应性差。为了克服这些缺点，现多用782型速凝剂，它的腐蚀性小，混凝土的后期强度损失较小，而且黏结力强，回弹量少。

速凝剂的作用是：增加混凝土的塑性和黏性，减少回弹量；对水泥的水化反应起催化作用，缩短初凝时间，加速混凝土的凝固。这样可增加一次喷射厚度，缩短喷层间的喷射时间间隔，提高混凝土早期强度，及早发挥喷层的支护作用。但速凝剂的掺量必须严格控制。试验表明，掺入速凝剂后混凝土的后期强度有明显下降，而且掺量越多，强度损失越大。红星一型和711型速凝剂的适宜掺量一般为水泥重量的2.5%～4%，782型速凝剂的最佳掺量为水泥重量的6%～7%。速凝剂掺入量与混凝土的凝结时间的关系如表1-20所示。

表1-20　速凝剂掺入量与混凝土凝结时间的关系

掺入量/%	711型		红星一型	
	初凝时间/min	终凝时间/min	初凝时间/min	终凝时间/min
0	360	480	360	480
1	60	>120	>60	>120
2	2	7.5	1.5	>1
3	1.25	2.5	1.5	11
4	1.5	3	1.5	2.67
5	2.5	2.5	2	3.25
6	4.5	7	—	—

e　配合比

混凝土配合比是指混凝土各组成材料间的数量比例关系。

喷射混凝土配合比的选择，应满足强度及喷射工艺要求，一般配合比（重量比）为水泥：砂：石子＝1∶2∶2或1∶2.5∶2。

D　喷层厚度的确定

喷层厚度一般为50～150mm，最厚不超过200mm。为了得到匀质的混凝土，喷层的最小厚度不小于石子粒径的两倍，喷层过薄，容易使喷层产生贯通裂缝和局部剥落，所以最小厚度不宜小于50mm。喷层愈厚，支撑抗力大，刚度愈大，它本身所受的荷载也大。当喷层的刚度不能与围岩变形相适应时，愈厚则受力愈大，愈不利。厚度过大在经济上也是不合理的。国内外实践证明，喷射混凝土的最大厚度以不超过200mm为宜。

E　喷射混凝土的适用条件

除了大面积渗漏水、岩层错动、岩层与混凝土起不良反应等情况外，一般说来，纯喷射混凝土适用于中等稳定的块状结构围岩及部分稳定性稍差的碎裂结构围岩。

F　喷射混凝土施工

a　喷射混凝土安全操作规程

操作前应按施工措施认真检查机器是否运转正常，发现问题应及时处理。

（1）喷射机操作必须严格按操作规程进行。作业开始时，应先给风再开电机，接着供水，最后送料；作业结束时，应先停止加料，待罐内喷料用完后停止电机运转，切断水、风，并将喷射机料斗加盖保护好。

（2）喷射作业前，先用高压风水清洗岩面，以保证喷射混凝土与岩面牢固黏结。开始喷射时，喷头可先向受喷面上下或左右移动喷一薄层砂浆，然后在此层上以螺旋状，一圈压半圈，沿横向做缓慢的画圈运动方式喷射混凝土。一般画圈直径以100～150mm为宜，如图1-48所示。喷射顺序应先墙后拱，自下而上，注意墙基脚要扫清浮矸，喷严喷实。

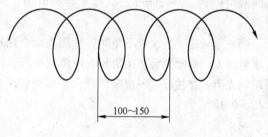

图1-48　料束运动轨迹

b　主要工艺参数

下面一些施工工艺参数，对喷射混凝土的质量和回弹有很大影响，在施工中应选其最优值：

（1）工作风压。工作风压是指保证喷射机能正常工作的压气压力，故又称工作压力。工作风压与输料管长度、弯曲程度、骨料含水率、混凝土含砂率及其配比等有关。

工作风压过大，回弹率增加；风压过小，粗骨料尚未射入混凝土层内即中途坠落，回弹率同样增加。回弹率加大后，不仅混凝土的抗压强度降低，而且成本增高。故工作压力过大过小，对喷射混凝土质量均不利。从图1-49可以看出，最佳风压为110～130kPa。

（2）水压。水压一般比风压高0.1MPa左右，以利于喷头内水环喷出的水能充分湿润瞬间通过的拌和料。

（3）喷头与受喷面的距离和喷射方向。喷头与受喷面的距离，与工作风压大小有关。在一定风压下，距离过小，则回弹率大；距离过大，粗骨料会过早坠落，也会使回弹率增加。由图1-50中可以看出，最佳间距为0.8～1.0m。喷射方向垂直于工作面时，喷层质量最好，回弹量最小。

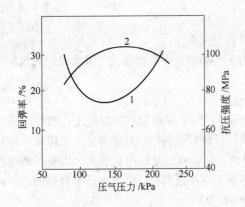

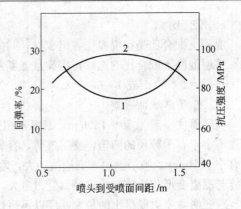

图 1-49　风压、回弹率与抗压强度的关系　　　图 1-50　喷嘴到受喷面的间距、回弹率与
1—回弹率；2—抗压强度　　　　　　　　　　　　　　抗压强度的关系

1—回弹率；2—抗压强度

（4）一次喷厚和两次喷层之间的间歇时间。为了不使混凝土从受喷面发生重力坠落，一般喷射顺序分段从墙脚向上喷射，并且自下而上一次喷厚逐渐减薄，其部位和厚度可按图1-51所示进行。掺速凝剂时，一次喷射厚度可适当增加。

一次喷射厚度一般不应小于骨料最大粒径的两倍，以减少回弹量。

如果一次喷射达不到设计厚度，需要进行复喷时，其间隔时间因水泥品种、工作温度、速凝剂掺量等因素变化而异。一般情况下，对于掺有速凝剂的普通水泥，温度在 15～20℃ 时，其间隔时间为 15～20min，不掺速凝剂时为 2～4h。若间隔时间超过 2h，复喷前应先喷水湿润。

（5）水灰比。当水量不足时，喷层表面会出现干斑，颜色较浅，回弹量增大，粉尘飞扬；若水量过大，则喷面会产生滑移、下坠或流淌。合适的水灰比会使刚喷过的混凝土表面具有一层暗弱光泽，黏性好，一次喷厚较大，回弹损失也小。从图 1-52 所示中可看出最佳水灰比为 0.40～0.45。

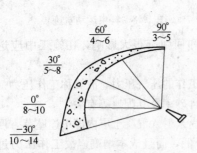

图 1-51　一次喷射厚度与喷头夹角
之间的关系

（分子为喷头与水平面的夹角，分母为一次
喷射厚度（mm））

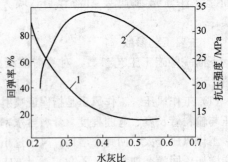

图 1-52　水灰比与回弹率和抗压
强度的关系

1—回弹率；2—抗压强度

c　喷射施工中存在的问题

（1）回弹及回弹物的利用。喷射混凝土施工中，部分材料回弹落地是不可避免的，回弹量大，造成材料消耗量过大，喷射效率低，经济效果差，还在一定程度上改变了混凝土的配比，

使喷层强度降低。因此，应采取措施减少回弹，并重视回弹物的利用。

回弹的多少，常以回弹率（回弹量占喷射量的百分比）来表示。在正常情况下，回弹率应控制在：喷侧墙时不超过 10%，喷拱顶时不超过 15%。降低回弹率的措施是多方面的，可以采用合理的喷射风压、适当的喷射距离（喷头与受喷面之间的距离）和水灰比，以及合理的骨料级配予以解决。

回弹物硬化后，是一种缺少水泥、多孔隙疏松物质，其中水泥、砂、石子的比例大体为 1：3：6。一般可回收作为普通混凝土的骨料用于施工非重点工程。

（2）粉尘。目前，国内广泛采用干式喷射工艺，拌和水是在喷头处加入的，水与干料的混合时间非常短促，不易拌和湿润，故易产生粉尘。装干料或设备密封不良时，也会产生粉尘，使作业条件恶化，影响喷射质量，有害工人健康。解决的主要途径：使用湿式喷射机，改喷干料为喷潮料（料流中水灰比为 0.25~0.35），采用水泥裹砂法工艺（图 1-53），在喷头处设双水环（图 1-54），在上料口安装吸尘装置，适当降低喷射风压，以及加强通风、稀释粉尘浓度等。

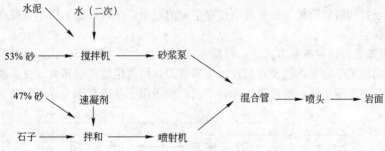

图 1-53 水泥裹砂法工艺流程

（3）围岩涌水的处理。围岩有涌水，将使喷层与岩层的黏结力降低而造成喷层脱落或离层。在这些地区喷射时，先要对水进行处理。处理的原则是：以排为主，排堵结合，先排后喷，喷注结合。若岩帮仅有少量渗水、滴水，可用压风清扫，边吹边喷即可；遇有小裂隙水，可用快凝水泥砂浆封堵，然后再喷；在漏水集中且有裂隙压力水的地点，则单纯封堵是不行的，必须将水导出，如图 1-55 所示。首先找到水源点，在该处凿一个深约 10cm 的喇叭口，用快凝水泥净浆将导水管埋入，使水沿着导水管集中流出，再向管子周围喷混凝土，待混凝土达到相当强度后，再向导水管内注入水泥砂浆将孔封闭。若围岩出水量或水压较大，导水管一般不再封闭，而用胶管直接将水引入水沟。在上述各种方法都不能奏效的大量承压涌水地点，可先注浆堵水，然后再喷射混凝土。

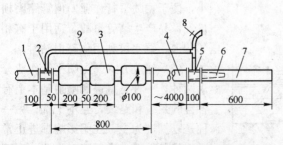

图 1-54 双水环和异径葫芦管图
1，4—输料管；2—预加水环；3—葫芦管；5—喷头水环；
6—喷嘴；7—拢料管；8—水阀；9—胶管

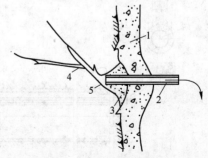

图 1-55 排水管法导水
1—喷射混凝土；2—排水管；3—快凝水泥；
4—水源；5—空隙

(4) 喷层收缩裂缝的控制。由于喷射混凝土水泥用量大，含砂量较高，喷层又是大面积薄层结构，加入速凝剂后迅速凝结，这就使混凝土在凝结期的收缩量大为减少，而硬化期的收缩量明显增大，结果混凝土层往往出现有规则的收缩裂缝，从而降低了喷射混凝土的强度和质量。

为了减少喷层的收缩裂缝，应尽可能选用优质水泥，控制水泥用量，不用细砂，掌握适宜的喷射厚度，喷射后必须按养护制度规定进行养护，在混凝土终凝后开始进行洒水养护；用普通水泥时，喷水养护时间不少于 7 昼夜；矿渣水泥时，喷水养护时间不少于 14 昼夜；只有在淋水的地区或相对湿度为 95% 以上的情况下，才可不专门进行养护。必要时可挂金属网来提高喷层的抗裂性。

d　施工平面布置与施工组织

(1) 施工平面布置。喷射混凝土施工时的平面布置，主要指混凝土搅拌站和喷射机的布置方式。

1) 搅拌站有布置在地面和布置在喷射作业地点两种方式。搅拌站在地面布置，不受场地空间限制，可采用大型搅拌机提高搅拌效率，并可减少井下作业地点的粉尘量，但运输距离很长时，拌和料在运输过程中可能变质，影响喷射质量。搅拌站布置在井下作业地点，则可随用随搅拌，能保证拌和料的质量，但受井下作业空间的限制，一般只能采用小型搅拌机或人工拌料，工效低，粉尘比较大。

2) 喷射机布置有两种布置方式。一种是布置在作业地点 (图 1-56)。采用这种布置形式喷射手与喷射机司机便于联系，能及时发现堵管事故等，但占用巷道空间大，设备移动频繁，使掘进工作面设备布置复杂化，对掘进工作有干扰，仅适用于巷道断面大或双轨巷道。

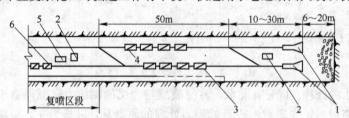

图 1-56　喷射机布置在喷射作业地点示意图
1—耙斗装岩机；2—喷射机；3—空矿车；4—重矿车；
5—小胶带上料机；6—混凝土材料车

另一种布置方式是喷射机远离喷射地点，且不随工作面的推进而移动，用延接输料管路的办法进行喷射作业 (图 1-57)。这种布置方式可以少占用巷道空间，简化工作面设备布置，对掘进工作干扰小，便于掘喷平行作业。但管路磨损量大，易产生堵管事故，适用于有相邻巷道、硐室可利用作喷射站时。

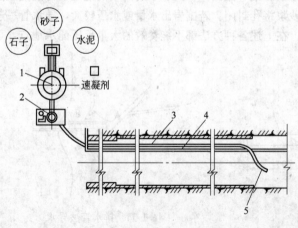

图 1-57　喷射机布置在硐口外示意图
1—搅拌机；2—喷射机；3—输料管；4—供水管；5—喷头

(2) 作业方式。掘喷平行作业分为两种，一种是掘进和喷射基本上有各自的系统和路线，互不干扰；另一种是以掘进为主，在不影响掘进正常进行的条件下，进行喷射作业。掘喷单行作业，根据工作面岩石破碎程度、风化潮解情况和掘进喷射的工作量大小，可区分为一掘一喷或二掘以至三掘一喷等。前者即一班掘进，下一班喷射；后者即连续两个或三个班掘进，第三或第四班进行喷射，但不能间隔时间过长。

（3）劳动组织。喷射混凝土的劳动组织分专业队和综合队两种形式。专业化喷射队有利于各工种熟练操作技术，保障工程质量，加快施工速度。

喷射作业的劳动力配备与机械化程度、施工平面布置以及掘进作业方式等因素有关。一般情况下，可参照表 1-21 配备。如用人工搅拌、人工上料，搅拌站和喷射机站的人员应适当增加。

表 1-21　喷射混凝土劳动组织参考表

工作地点	工 种	班组人数/人	岗 位 责 任 制
喷射工作面	喷射工	1	操作喷头，协助接长管路
	信号工	1	负责信号联系和照明并与喷射手交替工作
喷射机站	喷射机司机	1	操纵喷射机，协助检修设备
	机修工	(1)	负责检修设备及接长管路（兼职）
	组 长	1	全面指挥
搅拌站	搅拌机司机	1	操纵搅拌机
	配料工	2～4	按配合比向搅拌机供料
小 计		7～9	

1.4.3.5　喷锚支护

A　喷锚支护类型

（1）单一喷射混凝土支护。

（2）单一锚杆支护。

（3）喷、锚联合支护。

（4）喷、锚、网联合支护等。

B　喷锚支护的优越性及适用条件

a　喷锚支护的优越性

（1）施工工艺简单，机械化程度高，有利于减轻劳动强度和提高工效。

（2）施工速度快，为组织巷道快速施工一次成巷创造了有利条件。

（3）喷射混凝土能充分发挥围岩的自承能力，并和围岩构成共同承载的整体，使支护厚度比砌碹厚度减少 1/3～1/2，从而可减少掘进和支护的工程量。此外，喷射混凝土施工不需要模板，还可节约大量的木材和钢材。

（4）质量可靠，施工安全。因喷射混凝土层与围岩黏结紧密，只要保证喷层厚度和混凝土的配合比，施工质量容易得到保证。又因喷射混凝土能紧跟掘进工作面进行喷射，能及时有效地控制围岩变形和防止围岩松动，使巷道的稳定性容易保持。许多施工经验说明，即使在断层破碎带，喷锚支护（必要时加金属网）也能保证施工安全。

（5）适应性强，用途广泛。喷锚支护或喷锚网支护，不仅广泛用于矿山井巷硐室工程，而且也大量用于交通隧道及其他地下工程；既适用于中等稳定岩层，也可用于节理发育的松软破碎岩层；既可作为巷道的永久支护，也可用于临时支护和处理冒顶事故等。

b　适用条件

除严重膨胀性岩层、毫无黏结力的松散岩层，以及含饱和水、腐蚀性水的岩层中不宜采用喷锚支护外，其他情况下均可优先考虑使用。表 1-22 所示为隧道和斜井的锚喷支护类型及参数。

表 1-22　隧道和斜井的锚喷支护类型及参数

围岩类别	毛 硐 跨 度 B/m				
	B≤5	5<B≤10	10<B≤15	15<B≤20	20<B≤25
Ⅰ	不支护	50mm 厚喷射混凝土	（1）80～100mm 厚喷射混凝土；（2）50mm 厚喷射混凝土，设置 2.0～2.5m 长的锚杆	100～150mm 厚喷射混凝土，设置 2.5～3.0m 长的锚杆，必要时配置钢筋网	120～150mm 厚钢筋喷射混凝土，设置 3.0～4.0m 长的锚杆
Ⅱ	50mm 厚喷射混凝土	（1）80～100mm 厚喷射混凝土；（2）50mm 厚喷射混凝土，设置 1.5～2.0m 长的锚杆	（1）120～150mm 厚喷射混凝土，必要时配置钢筋网；（2）80～120mm 厚喷射混凝土，设置 2.0～3.0m 长的锚杆，必要时配置钢筋网	120～150mm 厚喷射混凝土，设置 2.5～3.5m 长的锚杆	150～200mm 厚钢筋喷射混凝土，设置 3.0～4.0m 长的锚杆
Ⅲ	（1）80～100mm 厚喷射混凝土；（2）50mm 厚喷射混凝土，设置 1.5～2.0m 长的锚杆	（1）120～150mm 厚喷射混凝土，必要时配置钢筋网；（2）80～100mm 厚喷射混凝土，设置 2.0～2.5m 长的锚杆，必要时配置钢筋网	100～150mm 厚钢筋喷射混凝土，设置 2.0～3.0m 长的锚杆	150～200mm 厚钢筋喷射混凝土，设置 3.0～4.0m 长的锚杆	
Ⅳ	80～100mm 厚喷射混凝土，设置 1.5～2.0m 长的锚杆	100～150mm 厚钢筋网喷射混凝土，设置 2.0～2.5m 长的锚杆，必要时采用仰拱	150～200mm 厚钢筋网喷射混凝土，设置 2.5～3.0m 长的锚杆，必要时采用仰拱		
Ⅴ	120～150mm 厚钢筋网喷射混凝土，设置 1.5～2.0m 长的锚杆，必要时采用仰拱	150～200mm 厚钢筋网喷射混凝土，设置 2.5～3.0m 长锚杆，采用仰拱，必要时架设钢架			

注：1. 表中的支护类型和参数，是指隧洞和倾角小于 30°的斜井的永久支护，包括初期支护和后期支护的类型与参数。

2. 服务年限小于 10 年及硐室跨度小于 3.5m 的隧洞和斜井，表中的支护参数，可根据工程具体情况，适当减少。

3. 复合衬砌的隧洞和斜井，初期支护采用表中的参数时，应根据工程的具体情况，予以减少。

4. 急倾斜岩层中的隧洞或斜井易失稳的一侧边墙和缓倾斜岩层中的隧洞或斜井顶部，应采用表中第 2 种支护类型和参数；其他情况下，两种支护类型和参数均可采用。

5. Ⅰ、Ⅱ类围岩中的隧洞和斜井，当边墙高度小于 10m 时，边墙的锚杆和钢筋网可不预设置，边墙喷射混凝土厚度可取表中数据的下限值；Ⅲ类围岩中的隧洞和斜井，当边墙高度小于 10m 时，边墙的喷锚支护参数可适当减小。

1.5 巷道施工组织与管理

巷道施工要达到快速、优质、低耗和安全的要求，除合理选择先进技术装备配套外，采用行之有效的施工组织与科学的管理方法，也是很重要的组成部分。

1.5.1 施工组织

1.5.1.1 一次成巷

巷道施工有两种方案：一种是分次成巷，另一种是一次成巷。分次成巷是先掘进，永久支护和水沟留在以后施工。这种方法使围岩长期暴露、风化、变形而破坏，尾工多，质量差，施工不安全，因而速度慢、效率低、材料消耗大。而一次成巷是把巷道施工中的掘进、永久支护、水沟三部分工程视为一个整体，统筹安排，要求在单位时间内（按月）完成掘进、永久支护、水沟三部分工程，有条件的还应加上永久轨道的铺设和管线安装。

一次成巷掘进后能及时对围岩进行永久支护，不但作业安全，有利于保证支护质量，加快成巷速度，而且材料消耗和工程成本也显著降低。因此我国矿山已把一次成巷作为一项制度予以贯彻执行，评比考核以成巷指标为标准，按成巷验收进尺。

一次成巷施工方案，首先是在具有支护工程的巷道中使用。如果巷道不支护，只要同时完成了按工程设计要求的项目，也可称为一次成巷施工。特别是喷锚支护的应用为一次成巷的推广开辟了新的前景。

1.5.1.2 作业方式

依据地质条件、巷道断面尺寸、施工设备以及操作技术等因素，按照掘进和永久支护的相互关系，一次成巷施工法可分成以下三种作业方式。

A　掘进与永久支护平行作业

在同一巷道中，掘进与永久支护在前后不同的地段同时进行，两者相距一般为 20~40m，该段距离内可采用临时支护。掘进与喷锚支护平行作业施工平面布置如图 1-58、图 1-59 所示。

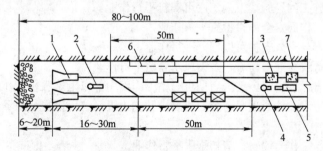

图 1-58　双轨巷道掘进与喷锚支护平行作业示意图
1—耙斗装岩机；2—混凝土喷射机；3—料车；4—混凝土喷射机
（补喷加厚）；5—上料机；6—掘砌水沟段；7—补喷加厚段

这种作业方式成巷速度快，效率较高，但需要人员多，施工组织管理工作复杂，适用于围岩比较稳定、掘进断面大于 $8m^2$ 的巷道，以免掘、支工作互相干扰。但喷锚支护不受此限制。

B　掘进与永久支护顺序作业

在同一巷道中，掘进与永久支护顺序进行，一般以 10~20m 为一段，最大段距不得超过

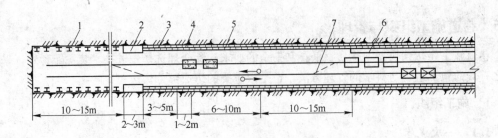

图 1-59　双轨巷道掘砌平行作业示意图
1—临时支架段；2—挖掘基础段；3—砌墙段；4—砌拱段；5—尚未拆除的模段；
6—掘砌水沟段；7—浮放道岔

40m。当围岩不稳定时，应采用短段掘支，每段长 2～4m，使永久支护尽量紧跟迎头。视围岩情况，采用喷锚支护时亦可采用一掘一喷锚，两至三掘一喷锚的组织方式。

这种作业方式需要人员、施工设备较少，施工组织管理工作简单，但成巷速度较慢，仅适用于巷道断面小、围岩不稳定等情况。

C　掘进与永久支护交替作业

交替作业亦属单行作业施工组织方式之一。在两个或两个以上距离相近的巷道中，由一个施工队分别交替进行掘进、支护工作。

这种作业方式，工人按专业分工，技术熟练、效率高，掘、支工作在不同巷道中进行，互不干扰，可以充分利用工时，但战线较长，占用设备多，人员分散，不易管理。适用于井底车场及采区巷道，工作面相距以不超过 200m 为宜，金属矿山采用较多。

1.5.1.3　多工序平行作业

掘进工作的每一掘进循环中，各项工序周而复始地重复进行，如交接班、凿岩、装药连线、放炮通风、装运矸石、支护铺轨等。为了缩短循环时间，加快施工速度，应尽量组织上述各工序平行作业。

根据一些快速施工的经验，下列工序可实行平行作业：

(1) 交接班与工作面安全质量检查平行作业。

(2) 凿岩、装岩与永久支护可以部分平行作业。

(3) 测中线、腰线与准备凿岩、敷设风水管路平行作业。

(4) 用铲斗装岩机装岩时，装岩后期可与钻工作面中部以上炮眼平行作业。用耙斗装岩机装岩时，可用装左边岩、钻右边眼，装右边岩、钻左边眼，装后边岩、钻下部眼等办法实行平行作业。

(5) 钻下部眼与工作面铺轨、清扫炮眼平行作业。

(6) 移动耙斗装岩机与接长风水管路平行作业。

(7) 工作面打锚杆与装岩平行作业。

(8) 装药与撤离、保护设备和工具平行作业。

(9) 砌水沟与铺永久轨道平行作业。

作为掘进中主要工序（如凿岩、装岩）的作业安排，取决于所选用的施工设备。当用气腿凿岩机凿岩、铲斗装岩机或耙斗装岩机装岩时，为缩短掘进循环时间，可采用凿、装部分平行作业。随着大型、高效、多用的掘进设备的出现，凿、装顺序作业方式正在扩大使用，正日益显示出它的优越性。如使用凿岩台车就难以实现钻孔与装岩平行作业，采用多台高效率的凿岩机或凿岩台车以及高效率的装运设备时，凿、装作业的时间短，平行作业的意义不大。凿、装顺序作业具有作业单一、工作条件较好、工效高等优点，有利于发挥机械设备的效率。从国内外井巷施工技术的发展趋势来看，必然将越来越多地采用大型高效率的掘进设备，顺序作业的使用范围也将随之不断扩大。

1.5.1.4 劳动组织

实行一次成巷的施工方法，必须有与之相适应的劳动组织，才能保证各项任务的顺利实施。巷道施工中的劳动组织形式主要有下列两种。

A 专业掘进队

这种组织形式的特点是各工种严格分工，一个工种只担负着一种工作，各工种是单独执行任务的。它的专业性强，易于钻研技术，适用于多头掘进。

B 综合掘进队

综合掘进队的特点是，将巷道施工需要的主要工种（掘进、支护）以及辅助工种（机电维护、运输）组织在一个掘进队内，既有明确的分工，又要有在统一领导下密切配合与协作，共同完成各项施工任务。实践证明，综合掘进队是行之有效的劳动组织形式。目前，大部分平巷施工中，特别是组织独头快速掘进时，基本上都采用综合掘进队。它具有以下优点。

（1）在施工队长统一安排下，能够有效地加强施工过程中各工种工人在组织上和操作上的相互配合，因而能够加速工程进度，有利于提高工程质量和劳动生产率。

（2）各工种、各班组在组织上、任务上、操作上的集体与个人利益紧密联系在一起，有利于加快施工速度和提高工程质量。

综合掘进队的规模，要根据各地区的特点、施工作业方式、工作面运输提升条件等确定。一般有单独运输系统的施工工程，如平硐或井下独头巷道，可组织包括掘进、支护、掘砌水沟、铺轨、运输、机电维修、通风等工种的大型综合掘进队。当许多工作面合用一套运输、检修系统时，如井底车场、运输大巷及运输石门等，可组织只有掘进、支护、掘砌水沟等工种的小型综合掘进队。

1.5.1.5 正规循环作业及循环图表

A 循环作业

a 掘进循环

巷道施工要完成不少工序，不管怎样安排这些工序，它们总是要经过一定的时间周而复始地进行，如掘进时的钻眼、装药连线、放炮通风、装运岩石、支护、铺轨等，每种工序重复一次，就称为一个掘进循环。

b 循环进尺

循环进尺系指每个循环巷道向前推进的距离。

c 循环时间

循环时间系指完成一个循环所需的时间。

d 正规循环作业

正规循环作业是指在规定的时间内，按照作业规程、爆破图表和循环图表的规定，完成各工序所规定的工作量，取得预期的进度，并保证周而复始地进行施工。

e 月循环率

一个月中实际完成的循环数与计划的循环数之比。一个月循环率应在 90% 以上。正规循环率越高，则施工越正常，进度越快。抓好正规循环作业是实现持续快速施工和保证安全的重要措施。

　　B　循环图表及编制方法

　　循环图表是把各工种在一个循环中所担负的工作量和时间、先后顺序以及相互衔接的关系，周密地用图表形式表示出来的一种指示图表。

　　循环作业以循环图表的形式表示出来，循环图表是组织正规循环作业的依据。它使所有的施工人员心中有数，一环扣一环地进行操作，并在实践中进行调整、改进施工方法与劳动组织，充分利用工时，将每个循环所耗用的时间压缩到最小限度，从而提高巷道施工速度。

　　a　合理选择施工作业方式和循环方式

　　在编制图表前，首先必须对各工序正常施工所需要的人数和时间进行调查，根据巷道的断面、地质条件、施工任务和内容、施工技术水平和技术装备等情况，对各分部工程及各工序施工顺序进行综合考虑，并选定一次成巷的作业方式。

　　循环方式是根据具体条件，采用每班一循环或每班 2～3 个循环。每班完成的循环次数应为整数。当求得的小班循环次数为非整数时，应调整为整数，即一个循环不要跨班完成。否则，不便于工序之间的衔接，施工管理也较困难，不利于实现正规循环作业。

　　每班循环次数必须结合劳动工作制度考虑。劳动工作制度有"三八"作业制和"四六"作业制。在组织巷道快速施工时，因劳动强度大，采用"四六"作业制对提高劳动生产率、加快掘进速度是有利的。

　　b　确定循环进尺

　　掘进循环进尺与掘进循环次数密切相关，互相制约。只要循环进尺确定了，每个循环的工作量也就确定了，同时也就确定了每个循环所需的时间，从而可求得每班的循环次数。但是，循环进尺决定于炮眼深度，因此还必须考虑凿岩爆破效果的合理性。根据目前的凿岩爆破技术水平，采用气腿凿岩机时，炮眼深度一般为 1.8～2.0m，采用凿岩台车时一般为 2.2～3.0m 较为合理。炮眼深度也可以按月进度和预定的循环时间估算。

　　c　确定各工序作业时间和循环时间

　　确定了炮眼深度，也就知道了各主要工序的工作量，然后根据设备情况、工作定额（或实际测定数据）计算各工序所需要的作业时间。把凿岩、装药联线、放炮通风和装岩工序所占的单行作业时间加起来，作为一个循环的主要部分。其他工序则应尽可能与主要工序平行进行。图 1-60 所示为某工程队的掘进循环图表。

　　该巷道施工的条件是：掘进断面 6.7m²，岩石坚固性系数 $f=6～8$。掘进主要工序为单行作业，一小时完成一个循环，循环进尺 2m，采用"四六"作业制。掘进中使用多台凿岩机（7 台同时工作）打眼，激光指向仪定向，蟹爪式装岩机装岩，梭式矿车和架线式电机车组成的机械化作业线。在劳动组织和施工管理方面，采用综合工作队，实行岗位责任制，因此在掘进中取得了优异的成绩。

1.5.1.6　施工技术组织措施（作业规程）编制内容

　　根据巷道特征和地质条件，由区队主管技术人员制订出切实可行而又比较先进的施工技术组织措施（巷道作业规程），用以指导巷道施工，并以此为依据，定期检查执行情况，以便不断调整、充实提高，从而获得更高的施工速度和良好的技术经济指标。内容可参见表 1-23。

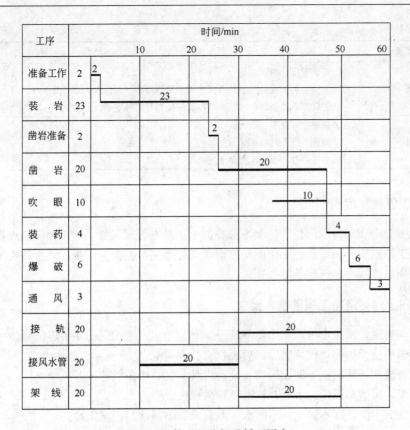

图 1-60 某工程队掘进循环图表

表 1-23 施工技术组织措施（作业规程）目录及内容提要

目 录	内 容 提 要
工程概况	巷道位置、用途、工程量、断面、工程结构特点、施工条件以及与其他有关巷道的条件等
地质、水文条件	详细说明巷道穿过岩层产状、地层构造、巷道顶底岩层名称、性质、硬度、涌水量以及瓦斯等有害气体及煤尘情况
施工方法	1. 根据巷道情况及地质条件，选用先进而切实可行的施工方案和施工方法（各工序施工方法、工序之间的平行交叉作业以及一次成巷的规定，掘进、支护、水沟之间的距离和要求等）； 2. 推广新技术、新工艺的要求和措施
施工技术安全组织措施	1. 爆破说明书； 2. 循环图表； 3. 支护说明书； 4. 劳动组织形式及劳动力配备； 5. 掘进辅助工作（根据巷道作业方式及循环进度，选择合理的运输、通风、压风、供排水、供料方式等）； 6. 施工安全技术措施（顶板管理、装岩运输、放炮通风、瓦斯煤尘以及综合防尘、水患预防等）； 7. 巷道质量标准及保证工程质量的措施

目　录	内　容　提　要
附表	1. 施工进度计划表； 2. 主要材料、设备、工具、仪表需用量计划表（包括永久施工两级）； 3. 主要技术经济指标（工程成本、主要材料消耗定额、劳动效率）
附图	1. 巷道位置及平、断面图； 2. 掘进工作面设备布置图； 3. 巷道穿过岩层的地质预计剖面图

1.5.2　施工管理制度

掘进队要健全和坚持以岗位责任制为中心的十项基本管理制度，即工种岗位责任制，技术交底制，施工原始资料积累制，工作面交接班制，考勤制，安全生产制，质量负责制，设备维修包机制，岗位练兵制和班组经济核算制。

1.5.3　工程上对巷道施工质量基本要求

（1）水沟畅通，永久水沟距工作面不超过 50m，毛水沟要挖到耙斗装岩机处。

（2）巷道整洁无杂物，耙斗装岩机后无积水、无淤泥。

（3）设备清洁，喷射机下面无积物，设备机具、材料要摆放整齐。

（4）电缆、风筒、风管、水管、轨道要悬吊或敷设整齐。

（5）做到五不漏，即不漏电、不漏水、不漏风、不漏油、不漏压风。

1.6　复杂地质条件下的巷道施工

金属矿山的岩层地质条件一般是较好的，但在一些矿山的巷道施工过程中，也常碰到一些断层破碎带、溶洞和含水流沙层等复杂地质条件，对巷道施工影响很大。在这样的地段，如果仍采用一般的掘进施工是难以通过的。

1.6.1　松软岩层中的巷道施工

1.6.1.1　松软岩层的物理特征

松软岩层一般是指岩体破碎和岩性软弱的岩层，具有松、散、软、弱等属性。

（1）"松"系指岩石结构疏松、密度小、孔隙度大的岩层。

（2）"散"指岩石胶结程度很差或指未胶结的颗粒状岩层。

（3）"软"是指岩石强度低、塑性大或黏土矿物质易膨胀的岩层。

（4）"弱"指受地质构造的破坏，形成许多弱面，如节理、片理、裂隙等破坏了原有岩体的强度，极易破碎，易滑移冒落的不稳定岩层，但其单轴抗压强度还是较高的。

1.6.1.2　松软岩层类型

（1）受构造运动强烈影响和强风化的地带，如接触破碎带、断层破碎带、层间错动带、挤压破碎带、风化带等，基本呈散体结构；表现特征为总体强度低，稳定性差；其破坏形态表现为片帮、掉块或塌陷。

（2）软弱流变岩体，是指围岩塑性大，且延续时间长的岩体，如第三纪以来的沉积岩和其他一些岩体。在地压较大或埋藏较深时，常常表现出明显的流变特性，变形量大而且有较长的蠕变时间；破坏状态一般表现为顶板下沉、底板鼓起、两帮内挤等。

（3）以含黏土矿物为主的某些岩体，从成分上看主要含有蒙脱石、绿泥石、高岭土等。其主要特点是对水敏感，一般是脱水风干后爆裂或崩解，遇水膨胀或软化。

在施工实践中，有时会发生以上几种岩层同时出现的情况，这时其破坏性状态就更为复杂。

1.6.1.3 松软岩层的主要力学特征

（1）岩层胶结程度差，怕风、怕水、怕震是它的共同特点。

（2）强度低：松软岩层强度低，凝聚力小，内摩擦角小。

（3）具有明显的流变性，表现为在初期变形速度快，变形量大，蠕变持续时间长。

（4）遇水崩解或膨胀。

（5）易受爆破震动的影响。

1.6.1.4 松软岩层巷道的维护

在松软岩层中巷道施工，掘进较容易，维护却极其困难，采用常规的施工方法和支护形式、支护结构，往往不能奏效。因此，研究在松软岩层中巷道的维护问题便成为井巷施工的关键问题。

A 基本原则

巷道维护问题不能只看作是支护结构和材料的选择问题，而应把支护和巷道周围岩体当作互相作用的力学体系来考虑。应首先分清地压的类型，摸清围岩压力活动规律，采用不同的支护原则和维护方法，采取综合措施使巷道在服务年限内保持稳定。

B 主要技术措施

a 采用喷锚支护或注浆法加固围岩

在来压快的软岩中宜推广管缝式或楔管式摩擦锚杆、水泥卷锚杆；在动压软岩巷道中钢纤维喷射混凝土支护有广阔的前途。在破碎、裂隙发育或含水岩层中采用注浆加固，使水泥浆或化学浆注满裂隙，提高整体性，并可封水堵水。

b 选择合理的巷道断面形状和高宽尺寸比例

在这种岩层中巷道断面形状以采用曲线形全封闭支护为宜。应根据原岩应力与巷道断面形状和高宽尺寸比的关系确定，如当水平应力为主时，应采用宽度大于高度的横椭圆形，反之为竖椭圆形。

c 分次支护，合理选择二次支护时间

选择巷道支护时间关系到支架的强度和可缩量大小。对变形大的岩体一般要分两次支护。一次支护要紧跟工作面掘进及时施作，通常喷锚支护最有效。等围岩位移趋于稳定时，再上二次支护。二次支护刚度要较大的，故总的支护原则是先柔后刚。围岩位移趋于稳定的时间，不仅取决于岩体本身的物理力学性质，而且与一次支护的刚度密切相关，因此它的变动范围很大。为了保证二次支护的效果，最好是根据围岩位移速度和位移量的测量数据来确定二次支护的时间。如金川二矿区，一般在第一次支护后120d实施第二次支护；张家洼铁矿则为30d。

d 设置回填层

在一次支护与二次支护之间充填一层泡沫混凝土或低标号混凝土或砂子，可产生两种作用：

（1）提供径向应力以稳定巷道周边岩石，使支护的应力重新分布。

（2）起衬垫作用，避免在最终（二次）支护上产生集中载荷。

e　加强巷道底板管理

在软岩巷道，特别是在具有膨胀性围岩中掘进巷道，多数是要发生底鼓的。防止底鼓的措施一般是用砌块砌筑底拱，也有用锚杆加固的。

f　重视涌水的处理

采取排水、疏干措施，使巷道不积水，防止对围岩溶蚀、软化、膨胀作用。

总之，要解决松软岩层巷道维护问题，一般都采用综合治理的办法，全面考虑上述技术措施，但是在保证巷道稳定的条件下，也可只采用其中一些措施。

1.6.1.5　松软岩层巷道施工方法及实例

A　撞楔法

撞楔法也叫插板法，是一种通过松软破碎岩层常用的方法，也可用来处理严重塌冒，或被破碎岩石所充满的巷道。但这些松散岩石中不能有较大的坚硬大块，以免影响打入撞楔。它是一种超前支护法，在超前支架的掩护下，可以使巷道顶板完全不暴露，如图 1-61 所示。

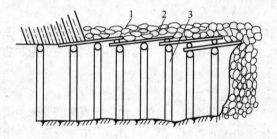

图 1-61　撞楔法
1—横梁；2—撞楔；3—支架

在即将接触松软破碎岩层时，首先紧贴工作面架设支架，然后从后一架支架顶梁下方向前一架支架顶梁上方由顶板一角开始打入撞楔。撞楔应以硬质木材制成，宽度不小于 100mm，厚度为 40～50mm，前端要削成扁平尖头，以减少打入的阻力。撞楔的长度一般为 2～2.5m。撞楔要排严打入，不得露顶。打入撞楔要用木锤，以免把撞楔尾部打劈。

打入撞楔时，每次将各撞楔依次打入 100～200mm，直至预定深度。在撞楔超前支护下，可以开始出碴。当清到撞楔打入岩石深度的 2/3 时，便应停止清碴，架设支架开始打第二排撞楔，进行第二次循环，直至通过断层冒落破碎带为止。

如果巷道的顶底板两帮都不允许暴露时，在巷道的四周都必须打入撞楔；施工时，打入工作面和底板的撞楔可以短些。

在缺乏特殊设备的情况下，撞楔法是通过断层破碎带、含水流沙层、软泥层等比较有效的办法，施工时也比较安全。这种方法的缺点是施工速度慢，耗费的人力、物力较多。

B　喷锚法

喷锚支护不但可在岩石节理裂隙发育的破碎带中应用，而且也可作为处理巷道冒顶及片帮的简易方法。只要巷道能在一定时间内保持相对稳定，不会随掘随冒，即可采用此法。

C　实例

（1）龙烟铁矿在掘进 850 平硐时，碰到了极其严重的断层破碎带，且涌水量大，开始涌水量为 150m³/h。在此情况下，先后开凿了两条绕道，但同样发生冒落，无法通过，但起到了疏水的作用，使涌水量降低为 10m³/h。最后采用缩小断面、满帮满顶、梁上梁下打撞楔的办法，有效地控制了流沙，顺利穿过了施工极为困难的地段。

（2）武钢金山店铁矿东风井-60m 中段运输平巷，长 800 余 m，断面为 11.2m²，平巷穿过岩层的地质条件复杂，有断层破碎带，也有极易风化的地段；岩石为石英二长岩，节理裂隙发育，局部地段的二长岩呈高岭土化、绿泥石化，$f=2\sim4$。这样的岩石极易风化潮解，稳定性很差，暴露时间稍长，容易发生冒顶片帮，有一次放炮后不到 8h，冒落高达 10 余 m。在这样的地段，施工单位过去采用短段掘砌，即掘一小段，立即用钢轨或木材做临时支护（事后一般不拆除，因此掘进的巷道断面大），永久支护采用普通的浇灌混凝土，事后仍免不了纵横交错的裂缝发生。后来采用喷锚网联合支护，掘支依次作业，成功地通过了这一破碎岩层地段。其主要经验是：掘进时采用光面爆破，尽量减少爆破对围岩的影响，有利于提高围岩的稳定性；爆破后立即喷拱，其厚度不小于 50mm，喷好拱再出碴，之后再喷墙，完成临时支护。为了不使爆破震坏临时支护，喷完临时支护后到下次放炮的时间不小于 4h。进行第二次循环时，凿眼爆破之后喷拱、出碴、喷墙；在前一循环的临时支护处打锚杆眼、安装锚杆、挂网，喷混凝土至永久支护厚度（150mm）；之后，进行第三次循环。这种方法归纳起来为：先喷拱后出碴，使喷射混凝土紧跟工作面；喷射混凝土时是先拱后墙，先临时支护（素喷混凝土）后永久支护（喷锚网联合支护）。为了确保工程质量，应当把喷锚网伸展到冒顶区两端外不小于 3.0m。采用这样的方法，顺利地通过了大断面冒顶区，而且永久支护极少出现裂缝，至今已经受多年的使用考验，支护效果良好。

必须指出，切不可使用单一的喷射混凝土支护这样的地段，这是由多次失败的教训证明了的。

在非常破碎、断层带多、掘进后随时都有冒落危险的地段施工，可用打超前锚杆的方法。锚杆向前倾斜 65°～70°或小些，以防止顶板冒落。如抚顺龙风矿-635m 的电机车硐室、变电所在破碎岩层中施工时，就是采用这种方法。先用 1.7m 长的钢丝绳砂浆锚杆（间距 600mm）做超前支架，安全地通过了破碎带，通过后又及时补打了锚杆并喷浆。

（3）北皂煤矿曾用喷锚支护法处理过翻车机硐室及东大巷的冒顶，如图 1-62 和图 1-63 所示。处理的方法是：冒顶落下的岩石暂不清除，先用长杆捣掉冒顶区的浮石，然后站在岩石堆上先喷一层混凝土固顶，后喷两帮。若顶、帮有渗漏水，可用特制的漏斗及导管将水引出。

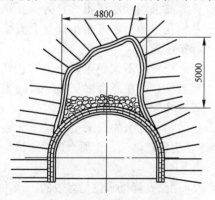

图 1-62 用喷锚法处理翻车
机硐室冒顶

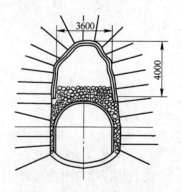

图 1-63 用喷锚法处理
东大巷冒顶

初次喷层凝固后，开始打锚杆眼，而后安装锚杆并挂网，再复喷一次，两次喷射厚度以不超过 200mm 为宜。冒顶处理完之后，可按设计断面立模浇灌 300～400mm 厚的混凝土碹或砌毛料石碹。碹顶上充填 400～500mm 河砂及矸石作为缓冲层，以保护下方的碹顶。

在一般巷道喷射混凝土施工中，喷前应先用风、水吹洗岩面。而在处理冒顶时，则严禁用风、水吹洗。因为冒顶区的围岩比较破碎，岩块间黏结力差，摩擦力小，一旦经风、水吹洗将会完全失去黏结力和摩擦力，有可能发生更大的冒顶。

1.6.2　在含水岩层中的巷道施工

在含水岩层中，特别是在涌水量很大的含水流沙层或破碎带中掘进巷道，施工是很困难的。在含水岩层中掘进巷道时，必须首先治水。一般来说，治水有两条途径：一是疏（放水），二是堵；或者疏堵结合，根据具体情况，或以疏为主或以堵为主。所谓疏，是用钻孔或放水巷道放水，以降低穿过岩层的水位，将水降至巷道底板水平以下，从而使掘进工作在已疏干的岩层中进行。堵，就是采用注浆的方法，堵住流水进入巷道的裂隙或空洞，使巷道通过的岩层与水源隔绝，造成无水或少水，达到改善掘进条件的目的。水疏干后，再根据岩层情况选用上述几种方法掘进。

下面介绍几种人工降低水位和有关探水、放水的施工技术安全规定。

1.6.2.1　人工降低水位法

A　钻孔放水法

在金属矿山，巷道掘进有时遇到涌水量很大的溶洞性的石灰岩或极坚硬的含水岩层，可采用钻孔放水的方法。

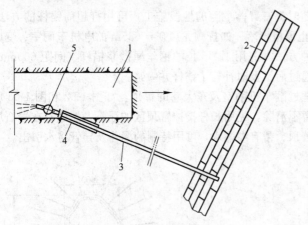

图 1-64　钻孔放水法
1—巷道；2—含水岩层；3—钻孔；4—孔口管；5—闸门

当掘进工作面距含水层 30～40m 时，即从工作面以与水平呈 10°～40° 倾角的方向钻进 2～3 个直径为 100～150mm 的钻孔，如图 1-64 所示。在钻孔口处安设长 3～5m 的孔口管，并在其露出端安设闸门，然后即可用轻型钻机继续钻孔。钻孔时如果预计水压很大，为防止水从钻孔中冲出，可在孔口管上安装保护压盖。

当岩层不太稳定时，为防止孔壁破坏，可在靠含水层的一段内安设保孔管。

当钻孔中的涌水量已经不大而且动水压力不大时，即可开始在含水岩层内掘进。但当动水压力虽已降低，而涌水量并未减少时，则可安设水泵进行抽水。

实践表明，如果在坚硬岩层内水力沟通的良好情况下，采用钻孔降低水位是有效的。

必须指出，如含水层与其他大量补给水源沟通，排水的时间就会很长，排水费用过高，就不如使用其他特殊施工法（如注浆法等）或将巷道改道合算了。

B　巷道放水降低水位法

金属矿山有几个矿山采用这种方法人工降低了水位，疏干了巷道所穿过的含水岩层，顺利地通过了流沙层，效果颇好。

江西大吉山钨矿在掘进主要运输平硐时,当自硐口开始掘至 80m 处,碰到流沙断层,压力特别大,采用了 24kg/m 的钢轨做支架,横梁也被压坏,且有较大的涌水,使掘进无法进行。经分析,其原因是原来的花岗岩风化后,长石变成了高岭土,与未风化的石英、云母混合在一起,在静止状态时无甚压力,水也可渗透。但在掘进时,便成为稀糊状的流沙,压力剧增,特别是岩层中有未风化的大块,给掘进工作的安全带来了很大威胁。决定采取开凿放水巷,经月余时间放水后,主平硐穿过岩层的水位大大降低,使之在疏干的岩层中掘进,巷道岩层的稳定性大大提高。最后采用普通掘进法、木支架支护便顺利地通过了断层流沙地带。

综上所述,人工降低水位法对含水岩层,特别是对含水流沙层的掘进,是一项有效的措施和方法。此外,根据水文地质情况,估计在巷道前进方向将碰到有压力的涌水时,钻凿超前探水钻孔不仅对疏水很有必要,也是保证施工安全必不可少的措施。

1.6.2.2 注浆堵水法

注浆堵水法的实质是将注浆材料以浆液状通过注浆设备压入岩石裂隙或孔隙中去,以封闭透水通道,然后以普通施工方法或一般破碎带的施工方法掘进巷道。

巷道注浆可分为预注浆和壁后注浆两种。预注浆是在含水段未通过前,构筑止水墙,预埋孔口管,钻孔注浆。壁后注浆是在巷道通过含水段,在其墙或拱部有出水点处注浆,以改善巷道施工条件和保护巷道壁。

1.6.2.3 巷道通过含水岩层的施工安全措施

在含水岩层中掘进巷道时,要特别注意安全。在技术组织工作上除了根据岩层稳定情况采取相应的施工安全措施外,还应采取防水的有效措施。必须遵守安全规程和《矿山井巷施工及验收规范》中对有关探水和放水的规定。

复习思考题

1-1 各种巷道断面应用于何种条件?

1-2 简述道管工安全操作规程。

1-3 工程上对平巷凿岩爆破工作有哪些主要要求?

1-4 平巷常用凿岩机具有哪些? 阐述其优缺点。

1-5 如何编制爆破图表?

1-6 如何选择光面爆破参数?

1-7 装岩设备有哪些,其特点如何?

1-8 调车方式有哪些? 绘简图说明。

1-9 转载设备及装、转、运作业线有哪些? 其特点如何?

1-10 提高装岩效率有哪些途径?

1-11 为什么要对巷道进行支护? 主要有哪些方法?

1-12 选择支护时应考虑哪些问题?

1-13 水泥有几种? 矿山常用哪几种水泥?

1-14 简述水泥的性质。

1-15 简述混凝土的性质。

1-16 简述锚杆种类和锚杆作用机理。

1-17　简述喷射混凝土工艺。

1-18　简述喷射混凝土作用机理。

1-19　如何处理常见的回弹、粉尘、开裂、涌水问题？

1-20　简述喷锚支护的种类和适用条件。

1-21　喷射混凝土层只有 10cm 左右，试说明其为什么能起到支护作用？

1-22　在喷射混凝土的操作中，出现喷侧墙时其回弹率超过 10%，或喷拱顶时回弹率超过 15%，可采取什么措施防止？

1-23　什么是一次成巷？

1-24　什么是平行作业、顺序作业、交替作业？简述各作业方式的适用条件及优缺点。

1-25　某矿 120m 水平巷道平面图如图 1-65 所示，试安排掘进方式和劳动组织，并在工作面标明安排掘进方式的各工序。

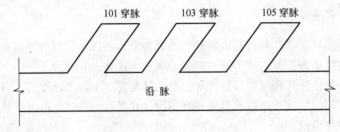

图 1-65　120m 水平巷道平面图

1-26　某水平巷道采取独头掘进，2 循环/班，一台 YT-23 型凿岩机，进尺 2m，$S=2m\times2m$，$f=4$ 的千枚岩，"三八"制作业，请编制循环图表。其工序时间为：凿岩准备 30min，凿岩 150min，装药爆破 30min，通风 30min，收工具 30min，接轨 30min，装岩 150min。

2 天 井 施 工

天井是矿山井下联系上下两个中段的垂直或倾斜巷道，主要用于放矿、行人、切割、通风、充填、探矿、运送材料工具和设备等。按其用途分别称为放矿天井、通风天井、行人天井、充填天井……。有时同一个天井可兼作几种用途。

天井工程是金属矿山基建、采准、生产探矿和放矿的重要工程之一。天井工程量约占矿山井巷工程总量的 10%～15%，占采准、切割工程量的 40%～50%。通常许多矿山每年都要掘进几百米直至上万米的天井。因此，加快天井施工速度，对保证新建矿山早日投产和生产矿山三级矿量平衡，实现持续稳产、高产，具有十分重要的意义。

2.1 天井断面形状与尺寸确定

2.1.1 天井断面形状选择

天井断面形状有矩形与圆形两种，主要是根据用途来确定天井断面的大小及格间数目，根据所用的支护材料、围岩性质、施工方法和施工设备等来确定断面形状。

2.1.2 天井断面尺寸确定

天井断面尺寸主要按天井用途确定。

2.1.2.1 行人天井

行人天井需设置人员通行的梯子及平台，并常兼设风水管路、电缆等。梯子间设置按安全规程规定与竖井梯子间要求一样。通常梯子间断面尺寸不小于 1200mm×1300mm。

2.1.2.2 通风天井

通风天井用于进风或回风的最小天井断面 S_{min}（m²），可按采区生产中提出的风量要求及该井允许的风速来确定：

$$S_{min} \geqslant Q/Kv_{允} \tag{2-1}$$

式中　Q——通过该天井的风量，m³/s；

　　　K——增加装备后天井净断面的折减系数，$K=0.6～1$；

　　　$v_{允}$——安全规程规定允许的最大风速，$v_{允}=6$m/s，但最小风速不得低于 0.15m/s。

2.1.2.3 放矿天井

用于溜放矿石的天井，通常称为采区溜井。

A　溜井位置的选择

溜井的位置除应遵循矿床开采所要求的各项原则外，还应考虑以下几点：

(1) 溜井所穿过的岩层，当不加固时，要求其 $f \geqslant 6$ 以上，且要求岩层稳定、整体性好。

(2) 溜井必须避开节理裂隙发育地带、褶皱、溶洞、断层破碎带。

(3) 溜井结构形式应根据矿山地形条件、开拓运输方式、溜井卸矿及装矿方式、运输设备的溜井的服务年限等因素综合考虑。

B　溜井断面尺寸的确定

溜井断面尺寸根据最大矿石块度含量系数、矿石允许最大块度和溜井的畅流通过系数等来决定。

净断面尺寸确定后加上支护断面，可得天井的掘进断面。

实践中确定天井断面尺寸时，要考虑天井施工方法与所用施工机械设备。如已选用某种天井钻机或某种天井吊罐，则天井断面已被规格化、统一化了。目前国内矿山天井尺寸常用的有 $1.5m \times 1.5m$、$1.8m \times 1.8m$、$2.0m \times 2.0m$；D 为 1.2、1.5、$2.0m$ 等。过去常用矩形断面尺寸有 $1.3m \times 1.5m$、$1.5m \times 2.9m$、$1.6m \times 1.9m$ 等。

天井一般是自下而上（除钻进法、深孔爆破法外）掘进的。天井施工特点为：井内作业时，施工断面狭小、操作不便、高空作业；受炮烟、落石、淋水和粉尘威胁，安全性较差，通风困难。针对这些特点，天井施工必须周密计划，采取必要措施，确保安全施工。

2.2　天井掘进方法

天、溜井掘进可分为井内施工方法和井外施工方法两大类。井内施工方法有普通法、吊罐法和爬罐法；井外施工方法有深孔法和钻孔法。采用井内施工法时，工人进入井筒内作业。普通法有被淘汰的势头，吊罐法正得到推广应用，而爬罐法、深孔法和钻井法试验性地得到应用。

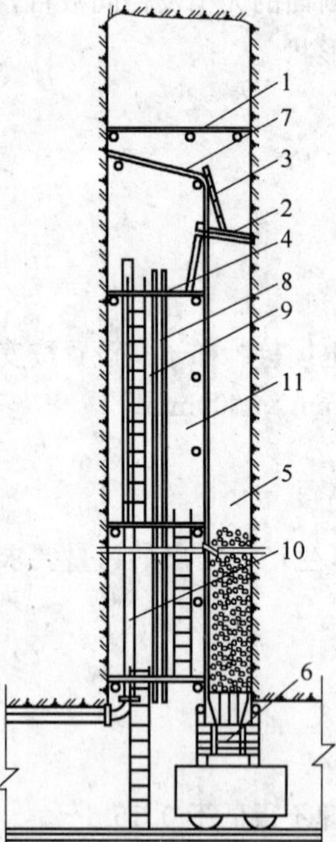

2.2.1　普通法掘进天井

普通法是沿用已久的老方法。为了免除繁重的装岩工作和排水工作，采用普通法掘进天井时，一般都是自下而上掘进。它不受岩石条件和天井倾角的限制，只要天井的高度不太大都可使用。如图 2-1 所示，天井划分为两间，一间为供人员上下的梯子间；另一间专供积存爆下来的石碴用，其下部装有漏斗闸门，以便装车。

凿岩爆破工作在距工作面 2m 左右处临时搭设的工作台上进行。每循环需架设一次工作台。

为了便于人员上下和设备材料与工具的搬运，需要随着工作面的推进而向上架梯子。爆破下来的岩石，为了利用自重下溜装车，必须修筑岩石间并随着工作面的推进而逐步加高。为了保护梯子间不被爆破下来的岩石打坏，在凿岩工作台之下梯子间之上方，必须搭设安全棚。

图 2-1　普通法掘进
天井示意图
1—工作台；2—临时平台；3—短梯；4—工具台；5—岩石间；6—漏斗口；7—安全棚（与水平面成 30°左右角度）；8—水管；9—风管；10—风筒；11—梯子间

2.2.1.1　普通法掘天井工艺

A　漏斗口的掘进

掘进天井时，首先根据所给的漏斗口底板的标高和天井的中心线，以 50°左右的倾角向上掘 1～2 茬炮，形成架设漏斗口所需的坡度。然后按照设计的倾角继续向上掘进，直至掘进到架设漏斗后能容纳一茬炮的岩碴高度，即停止向上掘进，架设漏斗口、岩石间、梯子间，并在梯子间上部架设安全棚。在此期间爆下来的岩石，直接落入平巷底板上，用装岩机装岩。

B 凿岩工作台的架设

当漏斗口掘进完毕并安装好漏斗与梯子间、安全棚等之后，在继续向上掘进之前，必须首先在安全棚之上距工作面 2.0～2.2m 处搭架凿岩工作台。凿岩、装药、联线都是在此台上进行的。

凿岩工作台一般由三根直径 12～13cm 的圆木横撑在天井顶底板之间，并在其上铺以厚度 4～5cm 的木板所构成。

架设横撑时应先在井壁上凿好梁窝，并以木楔楔紧横撑的一端，以防横撑移动。

凿岩工作台在垂直或倾角≥80°的天井中呈水平位置。当天井倾角小于 80°时，为了便于打眼，工作台必须迎着工作面与水平面成 3°～7°的倾角。

放炮时，必须将工作台上的木板拆除，以便放炮后岩石落入岩石间，同时木板不致损坏以便重复使用。

由于架设和拆除工作台较费时，特别是在硬岩中的梁窝难凿，为此，有的矿山采用简易法搭工作台。吊挂双层工作台情况如图 2-2 所示。工作台由上下两层组成，两层间的距离一般等于一个循环的进尺。上层为凿岩工作台，距工作面 2m 左右，下层为安全台以防止人员物料坠落。每层工作台由两根钢管或圆木铺上木板做成。每根钢管用两根铁链悬挂在插入岩壁炮眼中的两根直径为 30～35mm 的圆钢上。工作台的高低可以通过铁链的环数进行调节。为了防止圆钢和铁链滑落，插圆钢的炮眼应向下倾斜 10°～15°，圆钢插入岩壁的深度应小于 500mm，露出长度应为 100mm。在工作面上打眼时，就将安装圆钢的炮眼一道打好。为使爆下来的岩石能落入岩石间，爆破前需把下层平台全部木板和上层平台靠岩石间部分的木板拆除，集中放在上层平台对应梯子间的部位，并使其向岩石间倾斜。放炮通风后，工人进入工作面，首先把上层工作台的木板铺好，然后在上一班打好的四个炮眼中插入圆钢，挂上铁链，安装钢管或圆木，铺好木板。于是原来的上层工作台成了下层工作台，新架设的为上层凿岩工作台，工人站在刚安好的上层工作台上进行打眼工作。

生产实践表明，采用以上简易方法架设工作台，可以缩短工作台的架设时间和节约坑木。但使用这种方法要求围岩坚固，能有效地固定悬挂铁链的圆钢。

此外，这种方法需要专门配备一套打安装工作台所用的炮眼的凿岩设备，因此，在推广使用中受到一定的影响。

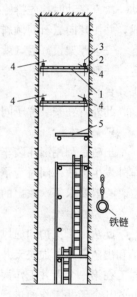

图 2-2 采用双层工作台掘进天井工作面布置示意图

1—钢管；2—木板；3—铁链；
4—圆钢；5—临时踏板

C 凿岩爆破工作

凿岩工作台架设好之后，即可开始凿岩工作。凿岩设备选用 YSP-45 型向上式凿岩机。

由于天井横断面不大，为了便于凿岩和加深炮眼，广泛采用直眼掏槽。掏槽眼与空心眼之间距离视岩石硬度、空心眼数目与起爆顺序等而定。掏槽眼布置的位置以布置在岩石间上方为宜，这样可减弱对安全棚及梯子间的冲击。其他炮眼布置原则基本上与平巷相同。炮眼深度一般在 1.4～1.8m。起爆方法多采用火雷管。为安全起见，应采用点火筒或电点火。

对于用电点火的起爆方法，由于采用的点火器材不同，可分为用电桥点火与电阻丝点火两种。

如采用普通电雷管起爆时，则要求采取驱散杂散电流的措施才允许装药联线，并且由专人亲自管理起爆电源箱闸。

D　通风

由于天井是自下往上掘进的，爆破后产生的有害气体比空气轻，一般积聚在上部工作面附近不易排出，因此，为了加速吹走工作面的有害气体，一般多采用压入式通风。通风机大多安装在天井下部附近的平巷内。风筒应随着安全棚往上移动，及时地接上去。

E　支护工作

当有害气体排除后，即可进行支护工作。首先检查工作面的安全情况，清理浮石，修理被打坏的横撑等，然后才开始支护工作。在不架设安全棚的情况时，支柱工的主要任务是在距离工作面 2m 左右的位置，架设凿岩工作台。当工作面向上推进 6～8m 时，则安全棚需要向上移动一次。移动时首先拆除旧安全棚，然后在上面架设新安全棚。安全棚由圆木横撑上铺木板而成，并使其向岩石间倾斜。安全棚的宽度以能遮盖梯子间或梯子间和提升间为准。

安全棚架设好后，就开始自下而上地安装梯子平台和梯子。梯子平台间距根据实际情况决定，一般为 3～4m。安全台下第一个梯子平台往往兼作放置凿岩机、风水管等之用，因此又称工具台。

此外，在安装梯子间的同时，需将岩石间的隔板钉好。

F　出碴

出碴是利用漏斗装车。为安全起见，应严禁人员正对漏斗闸门操作，以免岩流冲下飞出矿车外发生事故。同时为了保护岩石间隔板和横撑不被打坏，岩石间中应经常贮有岩石，严禁放空。一般要求每次放出的岩石所腾出的空间以能容纳爆破一次所崩下来的岩碴为准。

G　工作组织

此法由于支护和通风所需时间较长，一般两班一循环，一班打眼放炮通风，另一班进行支护和出碴。为了加快天井掘进速度，缩短采准工作时间，我国广泛采用多工作面作业法，即凿岩工在第一个天井工作面打完眼后，随即转入第二个天井工作面打眼。与此同时，支柱工在另外的几个天井工作面进行支护，做好打眼前的准备工作。

2.2.1.2　普通法掘进天井的适用条件

采用普通法掘进天井，每个循环都要搭、拆工作台，都要搬运设备和器材，每隔几个循环又要搭、拆安全棚，延长管线，装配梯子间和岩石间，因此劳动强度较大，掘进速度慢、工效低、材料消耗大，根据部分矿山统计，采用普通法掘进天井的掘进速度平均每月只有 20～30m，工班工效只达 0.2m，每 1m 天井消耗木材达 0.14～0.20m³。而且容易发生天井炮烟中毒和坠井事故。显然采用这种方法不能适应我国采矿事业日益发展的需要。应迅速推广使用吊罐法，并试验使用深孔法；同时，还应抓紧对爬罐的试验改进，以及天井钻机的研制工作。以促进天井掘进工作的发展。

但是，普通法在下述条件下仍可考虑采用：

(1) 不适宜采用吊罐、爬罐掘进的短天井，其中特别是盲天井，如切割天井等；

(2) 在软岩或地质构造发育的破碎带中掘进需要支护的天井；

(3) 倾角常变的探矿天井，以及掘进溜井时，其下部一段特殊形状的井筒不宜采用其他先进方法掘进时，可采用普通法掘进。

2.2.2 吊罐法掘进天井

吊罐法掘进天井如图 2-3 所示。它的特点是：用一个可以升降的吊罐代替普通法的凿岩平台，同时又可作为提升人员、设备、工具和爆破器材的容器，因此简化了施工工序。吊罐法掘进操作方便，效率较高，金属矿山已广泛使用。

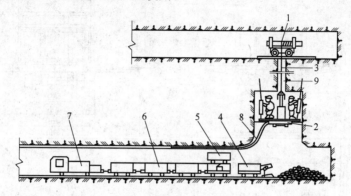

图 2-3 吊罐法掘进天井示意图

1—游动绞车；2—吊罐；3—钢丝绳；4—装岩机；5—斗式转载车；
6—矿车；7—电机车；8—风水管；9—中心孔

2.2.2.1 吊罐法掘进天井所用的设备

吊罐法掘进天井的主要设备有吊罐（直式或斜式）和提升绞车，以及深孔钻机、凿岩机、信号联系装置、局部扇风机、装岩机和电机车等。为了缩短出矸时间，尚可使用转载设备。

A 吊罐

吊罐是吊罐法掘进天井的主要设备。按控制方式分为普通吊罐和自控吊罐；按适用的天井倾角分为直吊罐和斜吊罐；按结构分为笼式吊罐和折叠式直吊罐；按吊罐层数分为单层吊罐和双层吊罐；按下部行走机构分为轨轮式吊罐和雪橇式吊罐。

a 折叠式直吊罐

折叠式直吊罐的结构如图 2-4 所示，它的主要技术特征为：

吊罐自重	400kg
行走车轮轴距	320mm
轨距	600mm
风动横撑数量	4 件
重力	1.785kN
风压	0.45～0.55MPa
外形尺寸	
展开时最大外形尺寸	1700mm×1400mm×2100mm
折叠时最小外形尺寸	900mm×900mm×1250mm

（1）折叠平台。它由角钢和铁皮焊接而成，有底座Ⅰ、折页Ⅱ、Ⅲ、Ⅳ及挡架Ⅴ、Ⅵ等共计 13 块通过折页Ⅶ连接而成。由于折页和挡架均能折叠，故称其为折叠平台。吊罐在升降之前必须将全部折页收回，形成 900mm×900mm×730mm 的升降容器（不包括保护盖板），以便人员、材料、工具、设备的升降。当吊罐提到工作面后，可把折页铺开，形成 1400mm×

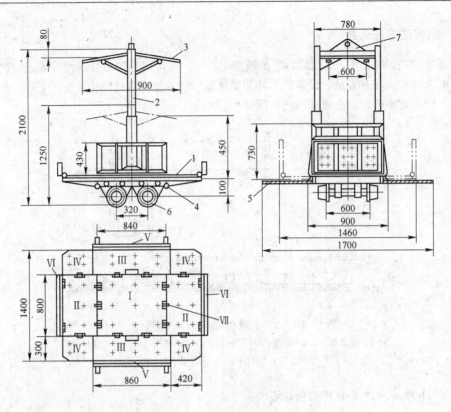

图 2-4　直吊罐结构示意图
1—折叠平台；2—伸缩支架；3—保护盖板；4—风动横撑；
5—稳定钢绳；6—行走车轮；7—吊架

1700mm 的工作平台，工人可站在平台上进行打眼、装药等工作。为了提升爆破器材，吊罐内还专门设有炸药箱（图中未标出）。

（2）伸缩支架。伸缩支架是用两条可以伸缩的立柱与吊架焊接而成。两个立柱上分别设有定位孔和销钉，以便调整伸缩架的高度。当吊罐升降和作业时，必须将立柱伸到合适位置，插上销钉，便于人员站立和作业。当吊罐需要搬运时，会将立柱高度降到最低，便于吊罐在巷道中运行。

（3）保护盖板。它是用来防止工作面上浮石下落的安全保护装置，是用两块 770mm×400mm×5mm 的钢板通过铰链与吊架联结，盖板靠两个长为 185mm、直径为 27mm 内装缓冲弹簧的支撑支于吊架两侧。吊罐升降过程中，支起盖板防避落石，以保护罐内人员安全。当吊罐到达工作面，经处理浮石后，再放下盖板，以便进行作业。

（4）风动横撑。风动横撑是吊罐作业时为防止其摆动而设置的稳定装置，每个罐设有 4 个横撑，对称布置在平台底座下。工作时，4 个横撑分别支于井壁上，这样不仅可以使平台稳定，而且可以减轻提升钢丝绳的负荷。当吊罐运行时，需将横撑缩回。

（5）稳定钢丝绳。在吊罐底座的 4 个角上对称地安装 4 条各长 600mm、直径 28mm 的钢丝绳。吊罐运行时，这些钢丝绳分别接触岩壁并沿井壁滑行，这样可以防止吊罐的扭转或摆动。

（6）行走车轮。吊罐底座上装有两对直径 150mm、轨距 600mm、轴距 320mm 的车轮，以保证吊罐在轨道上运行方便。

折叠式直吊罐结构简单，容易制造，体积小，重量轻，坚固耐用，运搬方便。但乘罐人员不能在吊罐上操纵吊罐的升降和停留。它适用于断面为 1.5m×1.8m～2.0m×2.0m、倾角大于 85°的天井。

b 斜吊罐

斜吊罐是掘进斜天井用的，它由罐体、吊架、保护盖板三部分组成，如图 2-5 所示。

罐体是主体，它与折叠式直吊罐大体相同。罐体的伸缩支架，通过插入吊架上定位销孔 a（或 b）内的销轴与吊罐铰接，使工作台在任意倾角的天井内保持水平，以便人员工作。吊架下部有两对车轮，当绞车牵引钢丝绳往上提升时，可以沿天井底板滚动，这样可以减少吊罐与岩帮的碰撞、摩擦，便于吊罐上下稳定运行。

B 提升绞车

提升绞车是吊罐法掘进天井中的配套主要设备之一。在吊罐法掘进中，我国使用的提升绞车有两种：一种是固定式绞车，另一种是游动式绞车。前一种实际上就是一般通用的慢速电动绞车，它的提升能力大，但与游动绞车比较，安装复杂，运搬不方便，要求绞车硐室大，故除与大吊罐配套外，一般矿山多使用游动绞车。

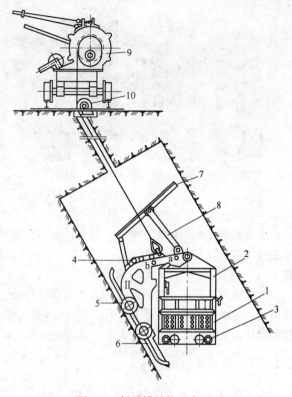

图 2-5　斜吊罐结构示意图

Ⅰ—罐体；Ⅱ—吊架；1—折叠平台；2—伸缩支架；3—风动横撑；4—悬吊耳环；5—行走车轮；6—滑动橇板；7—保护盖板；8—支撑；9—游动绞车；10—导向地轮

JYD-3B 型游动绞车是我国金属矿山使用较好的一种悬吊设备，其技术性能如表 2-1 所示。

表 2-1　游动绞车技术性能

型号	卷 筒			钢丝绳		平均速度 /m·min⁻¹	电动机		外形尺寸（长×宽×高）/mm	整机重量 /kg
	直径 /mm	宽度 /mm	容绳量 /mm	最大静张力 /kN	最大直径 /mm		型号	功率 /kW		
JYD-3B	400	450	100	15	17.5	6.67	Y132M-8	3	1406×1162×1180	1328

重庆泰丰矿山机器有限公司生产的游动绞车构造如图 2-6 所示。它由电动机、减速箱、卷筒、制动器和行走机构组成。该绞车停放在绳孔上口的轻便轨道上。

游动绞车的特点是，绞车本身装有两对行走车轮。吊罐升降时，绞车是不固定的，靠钢丝绳缠绕卷筒时产生的横向推力，使绞车在轨道上来回游动，钢丝绳始终对准提升钻孔，并使钢丝绳在卷筒上依次均匀缠绕而不紊乱。此外，这种绞车具有重量轻、体积小、搬运方便、便于

图 2-6　JYD-3B 型游动绞车

安装，要求的硐室体积小等优点。但提升能力及容绳量小，不适用于高天井及重型吊罐。适用于天井高度小于 60～85m。

绞车的提升能力应取提升重量的 1～2 倍。经验证明，如果提升能力不足，吊罐卡帮时经常停罐，频繁启动容易烧坏电动机；如果提升能力过大，一旦过卷，信号失灵，会拉断钢丝绳而出事故，而且提升能力选取过大也不经济。

提升吊罐用的钢丝绳，由于运行中经常与孔壁（岩壁）摩擦及承受动荷载的作用，因此要求钢丝绳耐磨，其安全系数不得小于 13。作用在钢丝绳上的荷载，按全部静荷载乘以动力系数 K（一般取 $K=1.25$）来计算。

钢丝绳与吊罐的连接最好采用编织绳套的方法，即将钢丝绳端破股，将它插在主绳内，形成绳套。编织部分的长度不得小于 800mm。工作时，将吊罐上吊环中的销轴穿过绳套，用螺栓固定好，这样既牢靠安全，又易于通过中心孔。因此，已被很多矿山使用。

2.2.2.2　吊罐法掘进天井工艺

A　吊罐法掘进天井前的准备工作

a　开凿上下硐室

吊罐法掘进天井时，上中段应有提升绞车硐室，下中段应有吊罐躲避硐室。

下部硐室尺寸是根据中心孔钻凿的方向，提升绞车的规格尺寸及操作方便而确定的最小尺寸。采用华-1 型绞车，同时中心孔又是由上而下钻凿时，应首先满足钻机钻孔的需要，因此硐室规格较大，一般为 3.0m×1.5m×4.5m（长×宽×高）；如果采用自下而上钻进中心孔时，上部硐室的规格只要满足绞车工作所需要的空间即可，一般约为 3.0m×2.2m×2.0m。如果上中段联络天井上部的巷道可以满足绞车工作要求，那就不必开凿绞车硐室。

下部硐室的尺寸主要应以便于吊罐的出入和装岩机械的操作方便为原则。如果采用潜孔钻机由下而上钻中心孔，则在天井下部应开凿钻机硐室，其尺寸视选用的钻机和天井倾角而定。

当打斜中心孔或直中心孔时，硐室尺寸分别为 3.0m×2.5m×3.0m 和 2.5m×2.5m×3.0m。

如果天井下部硐室要考虑采用漏斗装车，则必须在漏斗上面适当位置开凿存放吊罐及作为人员进出通道的人行井。开凿大型溜井时，溜井下部为了利用漏斗放矿，应开凿放矿闸门硐室；为了存放吊罐，可以在硐室内安装工作台，如图 2-7、图 2-8 所示。

实际上，钻机硐室就是天井的一部分，一般都采用普通方法施工。

b　钻凿天井中心孔

(1) 钻孔设备。吊罐中心孔直径一般为 100～130mm。常用的钻孔设备有地质钻机和潜孔钻机两种。

1) 地质钻机。HGY-100、200、300 型全液压工程地质钻机，适用于自上而下钻进。其特点是破岩时只有回转而无冲击，因此，钻孔偏斜不大，作业条件好。但穿孔速度慢、工效低（一般进尺 2～8m/班），并需要开凿大硐室。当掘进高天井时，可以采用地质钻机。

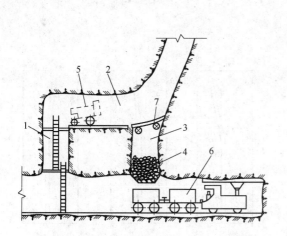

图 2-7 吊罐法掘进天井采用漏斗装岩时
天井底部结构示意图

1—人行井；2—联络道；3—出碴井；4—漏斗；5—吊罐；
6—矿车与电机车；7—钢轨（上下罐用）

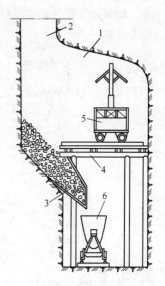

图 2-8 吊罐法掘进大型主溜
井时溜井底部结构示意图

1—放矿闸门硐室；2—溜井；3—临时漏斗；
4—板台；5—吊罐；6—矿车

2) 潜孔钻机。CS-100 型高气压环形潜孔钻机等（图 2-9），是吊罐法掘进天井较好的钻孔设备。它的特点是穿孔速度快、工效高；自下而上钻进时，钻机硐室是天井的一部分，辅助工程量小，节省开凿费用。其缺点是钻孔偏斜较大，因此不适合 60m 以上的高天井使用。

(2) 中心孔钻进的偏斜问题。中心孔质量是吊罐法掘进天井的关键问题。中心孔偏斜，不仅使吊罐升降时容易卡帮碰壁，拖长升降时间，影响安全，而

图 2-9 CS-100 型高气压环形潜孔钻机

且如果偏斜过大，吊罐无法上下，中心孔就无法使用，因此如何防止钻孔偏斜或将偏斜控制在允许范围内就显得非常重要。为此，除了研制一种效率高、偏斜小的深孔钻机外，还应在生产实践中观察分析中心孔偏斜的原因，找出有效措施，做到及时纠偏，确保钻孔的偏斜率（即偏离中心孔的水平距离与天井长度之比）不超过 1%。以潜孔钻机为例，综合国内施工经验，中心孔偏斜的主要原因有以下三方面：

1) 操作引起的偏斜。开口时给压过大，或遇到断层、裂隙及软硬岩界面而未减少推力；安装质量差，未及时校正，开钻后因震动引起偏斜等。

2) 设备本身引起的偏斜。打倾斜孔时，钻杆受自重的影响，钻孔易向下偏斜。一般钻孔与水平倾角越大，岩石越硬，天井越短，则偏斜越小，反之亦然，如图 2-10 所示。

3) 地质条件引起的偏斜。主要发生在软硬岩石的交界面上，如图 2-11 所示。当潜孔钻头穿过软岩后接触到硬岩时，容易沿层面钻进，特别是在层面与中心孔的夹角不大时，更容易沿

层面钻进。如果天井穿过破碎断层带，而断层面与中心孔的夹角又不大时，钻孔也容易沿断层面向上发生偏斜。

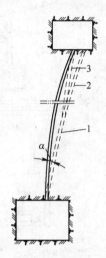

图 2-10　钻倾斜孔时潜孔钻机安装的位置
1—设计的钻孔方向；2—按设计倾角向上钻出的钻孔
方向；3—偏—校正角后向上钻出的钻孔方向

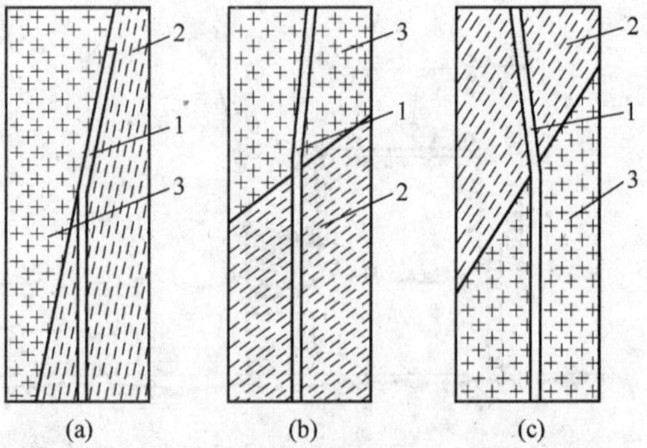

图 2-11　穿过软硬不同岩层时钻孔的偏斜情况
1—钻孔；2—软岩层；3—硬岩层

针对上述原因，为了纠正偏斜可采取下列一些主要的有效措施：

1）注意对钻工的技术培训，提高其技术水平和责任感，相应地制定一些必要的操作规程，以便提高钻凿中心孔的质量。

2）做好地质预测工作。首先要了解天井中心孔穿过岩层的性质及其变化情况，了解断层、破碎带、岩层变换等的确切位置，以便有针对性地采取相应措施。

3）用人为的方法改进钻机的不足。主要措施有：保证钻机的安装质量，经常检查并校正钻杆的垂直度；开孔时给压小，待慢速钻进 300～400mm 后，停机检查位置，经找正后再按正常风压钻进。

当通过断层、裂隙和软硬岩交界面时，钻进中要精心操作，控制推力，以小风压、小推力慢速钻进；在打倾斜孔时，为了克服钻杆重量的影响，可在安装钻机时朝可能偏斜方向的相反方向转一个校正角（即图 2-10 中的 α 角），以使钻孔最终落在设计位置上。校正角的大小与岩石的性质、钻孔倾角与天井高度有关，岩石软、倾角缓、天井高时，所用的校正角应大些，相反情况就小些。还可采用导正钻杆来减少钻杆的摆动。导正钻杆是在普通钻杆外面焊上 3～4根 $\phi10$～12mm 的圆钢，圆钢长 500～700mm（图 2-12）。根据孔深每隔 3～5 节钻杆加入一根导正钻杆，相当于长钻杆上加入许多支点，从而减少摆动。

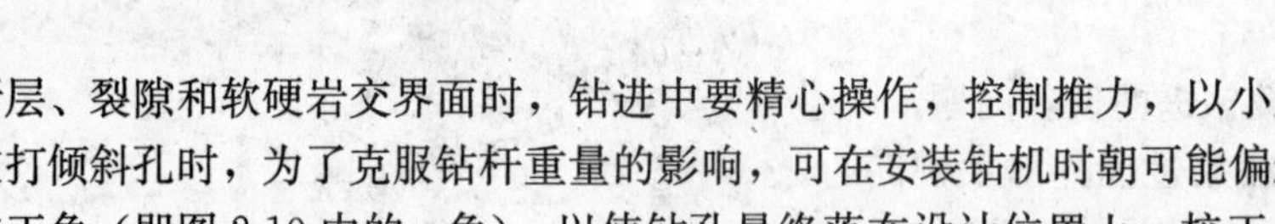

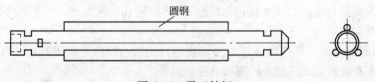
圆钢

图 2-12　导正钻杆

c　安装绞车和电气信号装置

绞车安装前应将中心孔周围浮石清理干净并安上保护套管，以防落石堵塞中心孔或水流入工作面。安装时，要求轨道铺平，以利绞车游动。为了防止杂散电流引起早爆事故，绞车硐室内的轨道应与外部轨道断开。

信号联系是保证吊罐法安全施工的重要措施之一，必须做到信号明确、畅通，联系可靠。目前我国普遍采用电铃、电话、灯光等几套设施相结合的信号联系方法。有的矿山还在吊罐上安设电控信号箱，采用电控，电铃、电话相结合的方法，使罐上人员不仅可以直接与上、下中段联系，而且当信号失灵，吊罐发生卡帮或过卷时，还可以直接通知吊罐上、下或停车。

信号线路是通过邻近天井或钻孔进行敷设的。电铃、电话应分别设专线。安装后要进行检查。

B　吊罐法掘进工作

a　凿岩工作

一台吊罐一般配 2 台 YSP-45 型凿岩机同时凿岩，这样有利于吊罐受力平衡，保持稳定。中心孔还有利于炮眼排列和提高爆破效果，但处理不好会造成中心孔堵塞，影响掘进的正常进行。所以既要获得好的爆破效率，又要防止中心孔堵塞，是天井工作面炮眼排列要充分注意的事项。图 2-13 所示为炮眼排列的几种型式。

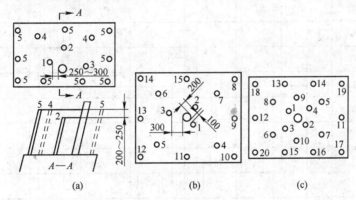

图 2-13　炮眼排列

(a) 斜天井螺旋形掏槽；(b) 螺旋形掏槽；(c) 对称直线掏槽

常用的炮眼排列有螺旋形掏槽、对称直线掏槽、三角柱掏槽、不规则桶形掏槽等。具体尺寸要视岩石情况而定，一般眼深 1.7m 左右。

在掘进斜天井时，为保证吊罐上下运行方便与安全，边眼向外应有 $90°\sim95°$ 的倾角，底板增加 $1\sim2$ 个炮眼，并以多打眼少装药的办法获得较好的成型规格。

b　起爆方法

我国金属矿山采用的起爆方法有火雷管起爆、电雷管起爆和非电导爆管起爆。为了避免杂散电流的威胁，一般多采用通电点燃火雷管引爆炸药的方法和非电导爆管起爆法。

采用普通电雷管或微差电雷管起爆时，应测量工作面的杂散电流。要求杂散电流不超过 30mA，否则必须切断作业地点上下中段 50m 以内的一切电源。只有在杂散电流不超过规定值时，才能起爆。

c　通风防尘

天井掘进时，通风比较困难。吊罐法的中心孔为解决通风问题创造了一定的条件。各地习惯于采用混合式通风方式，即在上中段通过中心孔向下放风管和水管，并以高压风、水自上而下吹洗炮烟，同时在下中段天井附近安设局部通风机，将炮烟抽出。这种方法效果好，大约 $10\sim15$min 便可将炮烟全部从天井内排出。

为了减少工作面粉尘，吊罐提升至工作面后，可用高压水或喷雾洒水装置将井壁上的粉尘冲洗干净。

　　d 装岩

　　装岩一般多与凿岩平行作业。我国金属矿山采用吊罐法掘进天井时，用装岩机装入矿车或转载斗车。有的矿山采用漏斗装车，如图 2-7 所示。

　　C 劳动组织与作业方式

　　根据我国各矿山组织快速施工的经验，用吊罐法掘进天井时，最好成立专门的吊罐掘进队，下设准备小组和掘进小组，统一指挥。每班配备凿岩工 2 人、绞车工 1 人、装岩工 2 人，既分工又合作，并有专人负责信号系统。每三或四班配 1 名机修工，保证设备正常运转。这样的劳动组织能充分利用工时和设备，大大促进掘进速度的提高。

　　根据多数矿山的经验，单工作面作业时，每班可完成 2～3 个循环，其循环图表如图 2-14 所示。

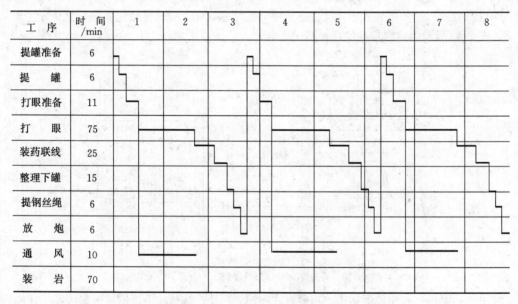

图 2-14　某矿单工作面作业时每班三循环图表

2.2.2.3　天井吊罐工安全操作规程

　　(1) 吊罐掘进中，装岩工不准在井下部作业，以防落石伤人。

　　(2) 采用漏斗掘进时，漏斗必须放空，并把翻板和漏斗里的碴石清理干净。

　　(3) 吊罐凿岩爆破工应遵守下列规定：

　　1) 必须认真检查吊罐设备有无损坏，安全设施是否可靠，风水绳连接是否牢固，螺丝有否松动，发现问题应及时处理，确认安全可靠后，方准使用。

　　2) 钢绳与吊罐吊挂后，要做进一步的检查，确认吊挂符合要求后，方可向吊罐装入凿岩工具和爆破材料。爆破材料应装在专用的箱子里。

　　3) 吊罐上升时，应打开安全伞。随着吊罐的上升，要仔细检查井壁岩石情况，发现浮石或吊罐卡帮时应立即发出停罐信号进行处理。

　　4) 升降吊罐时，人员和工具要保持平衡；出现刮帮时，严禁用脚踏井帮来调整罐位，只准用木棍支帮调整罐位解决刮帮问题。

　　5) 吊罐到达工作面后，支好气支顶，放下一面安全伞，处理好工作面浮石后再开机作业。

6）同时开动两台机器凿岩时，两个机台不能都在吊罐一侧，以免失去平衡。

7）只准用非电导爆管爆破，不许用其他雷管。起爆药包只许在打完炮孔后加工。装药结束后，将导爆管捋成两股，尽量贴近顶板两侧，而后汇集成一股捆绑在长导爆管的雷管上。收回气支顶和支开安全伞，发出下罐信号，长导爆管随身携带放出，不许抛到下边，以防靠近钢丝绳和吊罐遭到损坏和混线。

8）在吊罐上下运行和凿岩爆破操作期间，都必须携带好安全带。

9）警戒方法：吊罐天井上部由绞车工负责，下部由凿岩工或爆破工负责。爆破工接到绞车工给的允许起爆信号后，方准起爆。

（4）绞车工应遵守下列规定：

1）必须认真检查游动绞车电机的接地、电机与卷筒接头对盘的绝缘、安全闸及其他部件是否可靠；电源开关、轨道、钢丝绳及其吊挂部件是否安装好，经过试运转确认全部可靠后方可放钢丝绳。绞车检查不许带电作业。

2）在工作中不许擅自脱离工作岗位，操作中必须精神集中，不许边操作边谈话，严禁交给他人操作。

3）吊罐的速度每分钟不得大于 10m，钢丝绳与绞车卷筒上必须有吊罐到位的停车记号，接到停罐信号后，立即合上手闸同时拉下电源开关。绞车在运转中失去联系，应立即停车。

4）运行中如突然发生停电，要立即合上手闸，拉下电源开关，制动有效时间不能大于 0.5s。

5）吊罐往下运转时，要带电运行，不允许撤电运行。

6）爆破后，绞车工负责打开喷雾器闸门。

2.2.2.4　对吊罐法掘进天井的评价

A　优点

（1）与普通法掘进天井相比，吊罐法掘进天井不需搭设工作台、安全棚、梯子平台，不用梯子；材料、设备的上下都不要用人工去完成，这样既节约材料，又减轻劳动强度，改善作业条件。

（2）由于可以利用中心孔进行混合式通风，大大改善通风效果，减少通风所需的时间，杜绝炮烟中毒事故的发生，改善了工人的作业环境。

（3）工序较简单，辅助作业时间短。由于可以利用中心孔进行爆破，故爆破效率高，可有效提高天井的掘进速度，提高工效。过去采用普通法掘进时，每月进尺只有 20～30m，采用吊罐法掘进天井之后，掘进速度提高 5～10 倍，工效可提高 2.5 倍。

（4）吊罐法所需设备轻便灵活，使用方便，结构简单，制作、维修容易，因而有利于各矿山推广。

（5）这种方法既节约原材料，又提高掘进速度和工效，故使掘进每米天井的成本显著降低。据统计，吊罐法较之普通法可降低成本 10%～15%。

B　缺点

（1）吊罐法只适用于中硬以上的岩石，在松软、破碎的岩层中不宜使用。

（2）天井过高时，钻孔偏斜值也大，在现有设备条件下不宜掘进太高的天井，一般以 30～60m 为宜。

（3）不适于打盲天井和倾角小于 65° 的斜天井。

（4）在薄矿脉中掘进沿脉天井时，由于中心孔的偏斜，不能确保沿脉掘进，这样不仅不利于探矿，还可能给采矿带来贫化和损失。

（5）虽然通风条件比普通法有较大改善，但凿岩时同样无法减少工作面的粉尘和泥浆，工人的工作条件仍然不够好。

C　需要解决的问题

（1）研制一种重量轻、灵活、效率高、偏斜小的钻机，以确保高速、高质量的钻凿中心孔，以利于掘进高天井。

（2）进一步改进现有吊罐的结构，以保证升降与作业时的稳定性。

（3）研究降低粉尘含量的方法和措施，进一步改善作业条件，确保人员的身体健康。

（4）改进现有的信号联系装置，研制新的信号设施，确保吊罐作业安全。

2.2.3　深孔爆破法掘进天井

深孔爆破法掘进天井，就是先在天井下部掘出 3~4m 高的补偿空间，然后在天井上部硐室内用深孔钻机按照天井设计断面尺寸，沿天井全高自上而下或自下而上钻凿一组平行深孔，然后分段装药，分段爆破，形成所需断面和尺寸的天井，如图 2-15 所示。爆下的岩石在下中段装车外运。这种方法施工的最大特点是：工人不进入井筒内作业，作业条件得到显著改善。

采用这种方法的关键是：钻孔垂直度要好，孔的布置要适宜，爆破参数要合理，起爆顺序要得当。

深孔爆破法掘进天井的掏槽方式可分为以空孔为自由面的掏槽和以工作面为自由面的漏斗掏槽（图 2-16）。前一种掏槽方式用得较多。

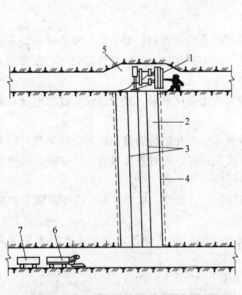

图 2-15　深孔爆破法掘进天井示意图
1—深孔钻机；2—天井；3—掏槽眼；4—周边眼；
5—钻机硐室；6—装岩机；7—矿车

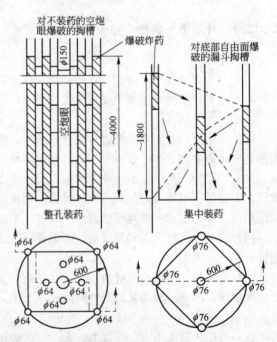

图 2-16　连续装药空孔掏槽与集中
装药漏斗掏槽作用原理

湖南黄沙坪铅锌矿用深孔爆破法掘进天井，积累了较丰富的经验。下面主要介绍该矿使用的方法。

2.2.3.1 深孔爆破法掘进天井工艺

A 深孔钻凿

深孔质量的好坏是深孔分段爆破法掘进天井的关键。深孔的偏斜会造成孔口和孔底的最小抵抗线不一致，影响爆破效果。

孔的偏斜包括起始偏斜和钻进偏斜。钻机的性能、立钻的精确度和开孔误差是引起初始偏斜的主要因素；岩层变化、钻杆的刚度和操作技术是引起钻进偏斜的基本因素。孔的偏斜率随孔深增加而增大，这是目前使用深孔爆破法掘进天井在高度上受到限制的主要原因。

a 深孔钻机

深孔爆破法对钻机的要求，一是钻孔偏斜小，二是钻速快。

目前，我国多采用潜孔钻机。黄沙坪矿先后采用过 YQ-100 型、YQ-100A 型及 YQ-80 型钻机和 TYQ 钻架。长沙矿山研究院研制的钻孔直径 120mm 并配有 300mm 直径的扩孔刀具的 KY-120 型地下牙轮钻机，具有穿孔速度快、钻孔偏斜小等优点，在该矿进行了工业试验，取得了较好的技术经济效果。

b 钻孔工艺

开钻前根据设计要求检查硐室，测定好天井方位和倾角，给出中心点和孔位，然后安装钻机并调好钻机的方位和倾角，使之符合设计要求。

开孔时首先使用 ϕ170mm 开门钻头将孔口磨平，然后选用 ϕ130mm 或 ϕ150mm 的开孔钻头开孔。开孔要慢速、减压，精心操作。当孔钻入原岩 0.1～0.2m 深时，停止钻进，校核钻机的方位和倾角，使之符合设计要求，并清除孔内积碴，埋设套管，换 ϕ90mm 钻头进行钻孔，并在冲击器后安接导正钻杆以控制钻孔偏斜。

钻孔偏斜是深孔爆破法成败的关键之一，要求偏斜率不大于 0.5%。每钻进 10m 应测斜一次，钻偏的孔应堵塞后再重新补孔。每钻完一孔，即应进行钻孔测斜，绘制实测图。

B 爆破工作

a 爆破参数及深孔布置

(1) 孔径。根据所使用的钻机、钻具而定。采用 YQ-80 型潜孔钻机时，装药孔直径定为 90mm，使用 KY-120 型地下牙轮钻机时，装药孔直径定为 120mm。

国内外经验表明，作自由面使用的空孔以采用较大直径为宜，可采用普通钻头钻孔，然后用扩孔钻头扩孔的办法。这样做的目的是保证 1 号掏槽孔爆破时有足够的破碎角和补偿空间，以利于岩石的破碎和膨胀。该矿采用 ϕ90mm、ϕ130mm 和 ϕ150mm 三种孔径组成不同形式的空孔，使用 KY-120 型地下牙轮钻机时，采用的扩孔刀具直径为 300mm。

(2) 孔距。第一响掏槽孔到空孔的距离是爆破参数中最关键的参数。如果 1 号掏槽孔爆破发生"挤死"现象，则后续掏槽孔的爆破无效，甚至发生冲炮。1 号掏槽孔是以空孔壁作自由面，其条件劣于后续掏槽孔，故 1 号掏槽孔至空孔的距离应较小，后续掏槽孔因有前响掏槽孔爆出的槽腔可供利用，故孔距可以增大。

设 n 表示初始补偿系数，则

$$n = \frac{S_空}{S_实} \tag{2-2}$$

式中　$S_空$——空孔横截面面积；

$S_实$——1 号掏槽孔爆破岩石实体的横截面面积。

从理论上讲，如果岩石碎胀系数为 1.5，当补偿系数为 0.5 时，则空孔的面积即可容纳 1

号掏槽孔爆下碎岩石。但考虑到由于深孔偏斜造成的孔距误差等因素，应将 n 值取为 0.7 以上为合适。

空孔直径对确定 1 号掏槽孔至空孔的中心距离有很大影响。孔间距 L（图 2-17）的求算方法如下：

$$\left(\frac{D+d}{2}-\frac{\pi D^2}{8}-\frac{\pi d^2}{8}\right)K=\frac{d+D}{8}L+\frac{\pi D^2}{8}+\frac{\pi d^2}{8} \tag{2-3}$$

式中　D——空孔直径，mm；

　　　d——1 号掏槽孔直径，mm；

　　　K——岩石碎胀系数；

　　　L——1 号掏槽孔到空孔的中心距离，mm。

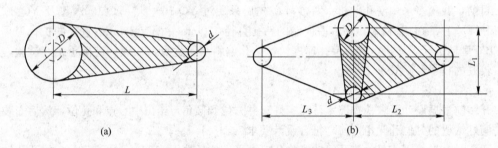

图 2-17　掏槽孔布置参数计算图
(a) 1 号掏槽孔同空孔距离关系图；(b) 其余掏槽孔至空孔间的距离

当 D、d、K 等值均为定值时，则 L 值可为：

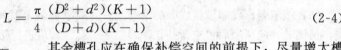

$$L=\frac{\pi}{4}\frac{(D^2+d^2)(K+1)}{(D+d)(K-1)} \tag{2-4}$$

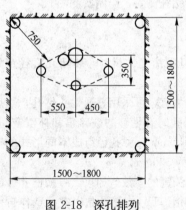

图 2-18　深孔排列

其余槽孔应在确保补偿空间的前提下，尽量增大槽腔面积，要考虑孔偏影响。

黄沙坪铅锌矿在使用双空孔和三空孔掏槽，装药孔直径为 90mm 时，取 $L_1=350$mm、$L_2=400\sim450$mm、$L_3=500\sim550$mm。按不同断面的天井规格，要求最终形成槽腔面积达到 $0.2\sim0.3\mathrm{m}^2$。深孔布置如图 2-18 所示。

(3) 装药集中度。合理的装药集中度取决于矿岩性质、炸药性能、深孔直径、掏槽孔至空孔的距离等因素。该矿采用 5% TNT 的硝铵炸药，掏槽孔直径 90mm，药包直径 70mm；按孔距远近和空孔直径大小，掏槽孔的装药集中度分别为 1.65kg/m、2.05kg/m 和 2.67kg/m；周边孔采用 3.6~3.74kg/m。

(4) 孔数。孔数与掏槽方式、补偿空间大小、矿岩性质、天井断面及钻孔直径等因素有关。

黄沙坪铅锌矿采用装药孔直径 90mm 时，在天井断面为 2.25~4.0m 时，布置 10~12 个掏槽孔（包括双空孔或三空孔）；掏槽孔直径 300mm，装药孔直径 120mm，天井断面为 1.8m ×1.8m~2.0m×2.0m 时，布置 1 个空孔和 6 个装药孔。实践证明，这样是合理的，如果再减少孔，不仅布孔困难，而且爆破后天井断面不规整。对于 1.8m×1.8m~2.0m×2.0m 的天井，无须再布置辅助孔，直接布置周边孔或角孔即可。

（5）一次爆破分段高度。深孔一次钻成，分段爆破。分段高度大，能节约材料，节省辅助时间，提高效率，但分段高度受到许多条件限制，特别是与补偿空间大小有关。在天井断面 $4m^2$ 左右情况下，当补偿系数为 $0.55\sim0.7$，分段高度可达 $5\sim7m$；当补偿系数小于 0.5 时，则分段高度以取 $2\sim4m$ 为宜。此外，分段高度的选取还应与岩层情况有关，不同岩层的界面、破碎带等应作为分段间的界面。

b 装药及起爆方法

（1）装药方法与装药结构。除第一分段从下往上装药外，其余分段均由上往下装药。由上往下装药时，先将孔下口填塞好后，用绳钩将药包放入孔内，上部填以炮泥和碎岩碴。下端堵塞高度以不超过最小抵抗线为宜，上堵高度在 $0.5m$ 以上。

由于掏槽孔的抵抗线小，为了避免槽孔爆破时过大的横向冲击动压将空孔或槽腔堵死，可采用间隔装药的方法来减少每米槽孔的装药量。根据最小抵抗线和自由面大小，每个长 160mm、240mm 或 480mm 长的药包同一个长 200mm 的竹筒相间，并在装药全长敷设导爆索，如图2-19所示。

其余孔均采用连续装药结构，并在装药段全长上敷设导爆索。

（2）起爆方法。采用非电导爆管和导爆索起爆。微差间隔时间，考虑深孔爆破后有充裕的排碴时间，掏槽孔取 100ms 以上，周边孔取 200ms 以上。

起爆顺序是：第一分段先爆掏槽孔，第二分段掏槽孔与第一分段周边孔同时爆破，一般掏槽孔超前周边孔一个分段。

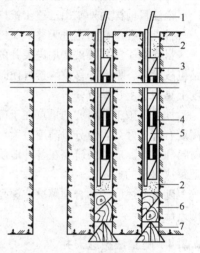

图 2-19 掏槽孔装药结构图
1—导爆管；2—炮泥；3—药筒；
4—竹筒；5—导爆索；6—木楔；
7—木塞

c 深孔堵塞的原因及处理

（1）深孔堵塞的原因：

1）空孔补偿空间不够和装药量过大，可造成槽腔和邻近孔挤死。这是因为装药量过多，造成岩石过分粉碎，并以更高的速度射向空孔壁，以更大的压力压实，在掏槽空间有限的情况下排碴困难，形成再生岩，造成槽腔和邻近孔挤死。

2）装药高度不合理，装药较高的孔会将装药较低的孔挤死。

3）装药段内有两种不同岩层时，先爆孔易将邻近软岩处的炮孔挤死。

4）下孔口堵塞高，起爆顺序不当等。

（2）处理方法：

1）当堵孔高度在 $0.6\sim0.8m$ 时，可在该孔内装少量炸药爆破，贯通该孔。

2）当堵塞较高时，用相邻未堵孔少量装药低段爆破，逐步削低堵塞高度。

d 球状药包漏斗爆破方案

平行空孔自由面的爆破方案要求钻孔有较高的精确度。如果钻孔的精确度不够高，则可改用球状药包漏斗爆破的方案。这种方法不需要空孔，而是让1号掏槽孔的药包朝向底部自由面爆破。1号掏槽孔药包爆出一个倒置的漏斗形缺口，然后后续的掏槽孔药包则依次以漏斗侧表面及扩大的漏斗侧表面作为自由面进行爆破。图2-16是平行空孔爆破同球状药包漏斗爆破的比较示意图。

根据利文斯顿漏斗爆破理论，集中药包长度应不大于直径的 6 倍。因此，漏斗爆破掘进天井的方法虽然有使用孔数较少和对钻孔精确度要求低等优点，但它一次爆破所能爆落的分段高度相对较低。

2.2.3.2　对深孔爆破法掘进天井的评价

深孔爆破法掘进天井的突出优点是工人不进入天井井筒内作业，工作安全，作业条件改善，在这方面普通法、吊罐法和爬罐法都远不及深孔爆破法。深孔爆破法比普通法节约坑木。与爬罐法、钻进法比较，它的设备投资也较低，且能在不稳定的岩层中施工，这是吊罐法、爬罐法所不能做到的。

深孔爆破法的主要问题是受掘进高度的限制，打高天井时成本高，钻孔偏斜大，难于控制。

该法目前国内外矿山已逐步推广用于高度在 50m 以内、倾角 45°～90° 的天井。

推广深孔爆破法掘进天井的关键在于对钻孔设备和爆破工艺的研究。

目前用于深孔爆破法掘进天井的钻孔设备中，潜孔钻机的钻孔准确性不高，台班效率低、钻机故障多，换孔、移位均不方便。长沙矿山研究院研制的 KY-120 型地下牙轮钻机在一定程度上克服了上述缺点。

加强爆破工艺研究的重点在于确定合理的爆破分段高度和减少炸药消耗量。加大爆破分段高度有许多好处，但分段高度过大，往往造成深孔的堵塞和挤死，使处理工作困难，而且浪费材料和工时。应积极研究在各种地质条件下合理的分段高度和爆破规律，以减少堵孔事故，保证每次爆破的成功。

随着上述问题的合理解决，深孔爆破法无疑将是天井掘进的一种既安全又经济、速度又快的方法。

2.2.4　爬罐法掘进天井

用爬罐法掘进天井，它的工作台不像吊罐法那样用绞车悬吊，而是和一个驱动机械联结在一起，随驱动机械沿导轨运行。图 2-20 所示为爬罐法掘进天井示意图。

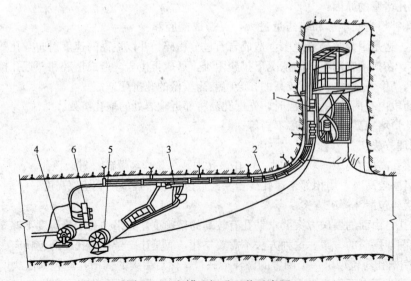

图 2-20　爬罐法掘进天井示意图
1—主爬罐；2—导轨；3—副爬罐；4—主爬罐软管绞车；5—副爬罐软管绞车；6—风水分配器

2.2.4.1 爬罐法掘进天井工艺

掘进前，先在下部掘出设备安装硐室（避炮硐室）。开始先用普通法将天井掘出 3～5m 高，然后在硐室顶板和天井壁上打锚杆，安装特制的导轨。此导轨可作为爬罐运行的轨道，同时利用它装设风水管向工作面供应压风和高压水。在导轨上安装爬罐，在硐室内安装软管绞车、电动绞车以及风水分配器和信号联系装置等。上述设备安装调试后，将主爬罐升至工作面，工人即可站在主爬罐的工作台上进行打眼、装药联线等工作。放炮之前，将主爬罐驱往避炮硐室避炮，放炮后，打开风水阀门，借工作面导轨顶端保护盖板上的喷孔所形成的风水混合物对工作面进行通风。爆下来的岩碴用装岩机装入矿车运走。装岩和钻眼可根据具体情况顺序或平行进行。

导轨随着工作面的推进而不断接长。只有当天井掘完后，才能拆除导轨，拆除导轨的方向是自上而下进行的。

利用辅助爬罐可以使天井工作面与井下取得联系，以便缩短掘进过程中的辅助作业时间。

2.2.4.2 爬罐法掘进天井的适用条件

爬罐法能够掘进高天井、盲天井，也能掘进倾角较小的天井和沿矿体倾斜方向弯曲的天井，又可用于掘进需要支护的天井，因此，它的适应性广。不仅如此，采用此法作业较吊罐法安全，机械化程度高，工人的劳动强度不大。但是这种方法的设备投资大，设备的维护检修也较复杂，掘进前的准备工程量大，工作面的通风不及吊罐法好，粉尘大。尽管如此，这种方法由于它的适应性强，在国外应用较多，国内酒泉钢铁公司镜铁山铁矿使用较好。

国内外采用爬罐法掘进天井的指标、作业方式与劳动组织列于表 2-2。

表 2-2 国内外采用爬罐法掘进天井的指标、作业方式与劳动组织

矿山名称	××钢铁公司一矿	挪威波尔金德水电站	苏联特尔内阿乌兹斯克钼矿	苏联特尔内阿乌兹斯克钼矿	挪威印塞特水电站
掘进速度	116.1m/月	2.2m/班	602m/月	766m/月	20m/周
时 间	1972年11月	1971～1972	1969年10月	1970年3～4月	
天井断面/m²	5	5.8～6.6	4～5	4～5	20
天井倾角/(°)	90	45	90	90	45
天井长度/m	60	980			291
岩石性质	大部分在千枚岩内掘进，$f=8\sim10$；小部分在镜铁矿内掘进，$f=12\sim14$		$f=16\sim18$	$f=16\sim18$	片麻花岗岩
作业方式	双工作面	单工作面	双工作面	双工作面	单工作面
劳动组织	四班制，每班8人（出碴人员另配）	三班制，每班3人，其中掘进工2人，辅助工1人	四班制，每班6人，其中凿岩工2人，爆破工2人，电钳工1人，电耙工1人		每天三班，每班5人，其中掘进工4人，辅助工1人
循环次数		一次/班			
工班工效/m³·工班⁻¹	0.56	4.25～4.84	凿岩工：11.6全队平均：3.76	凿岩工：15	

2.2.5　钻进法掘进天井

钻进法掘进天井,是用天井钻机在预掘的天井断面内沿全深钻一个直径 200～300mm 的导向孔,然后用扩孔刀具分次或一次扩大到所需断面,人员不进入工作面,实现了掘进工作全面机械化。

2.2.5.1　钻进法掘进天井工艺

A　钻进方式

天井钻机的钻进方式主要有两种:一种是上扩法,其钻进程序是:将天井钻机安在上部中段,用牙轮钻头向下钻导向孔,与下部中段贯通后,换上扩孔刀头,由下而上扩孔至所需要的断面,如图 2-21a 所示。另一种是将钻机安在天井底部,先向上打导向孔,再向下扩孔,即所谓下扩法,如图 2-21b 所示。

目前我国天井钻进方式均采用上扩式。

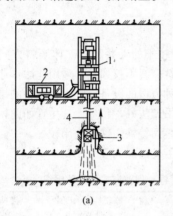
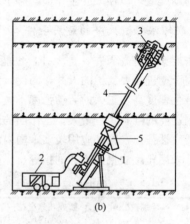

(a)　　　　　　　　　　(b)

图 2-21　钻进法掘进天井的两种钻进方式
(a) 上扩法;(b) 下扩法
1—天井钻机;2—动力组件;3—扩孔钻头;4—导向孔;5—漏斗

B　天井钻机、钻头及其结构特点

按天井钻机的外形尺寸可分为低矮型和普通型。我国的 AT 型钻机属于普通型,TYZ 型属于低矮型。但是不管哪类钻机都具有向下钻导孔和向上扩孔的基本性能。表 2-3 所示列举了我国现有天井钻机的主要技术性能。

表 2-3　国产部分天井钻机的主要技术性能

项　目	型　号				
	TYZ-500	TYZ-1000	TYZ-1500	AT-1500	AT-2000
导孔直径/mm	216	216	250	250	250
扩孔直径/m	0.5、0.8	1.0、1.2	1.5、1.8	1.2、1.5、2.0	1.8、2.0、2.5
钻进深度/m	120	120	120	120	120
钻进角度/(°)	70～90	60～90	60～90	45～90	42～90
总功率/kW	72	92	92	125	149
外形尺寸(工作时)/mm	2580×1340×2650	2940×1320×2830	3010×1630×3280	3050×1380×3730	4450×1380×4030
主机重量/kg	3500	4000	5500	9000	10000

扩孔刀头与刀具是天井钻进的关键设备，它的性能直接影响钻井费用和天井钻进法的发展规模。近 10 年来，在研究天井钻机的同时，把发展扩孔刀头与刀具的技术作为发展天井钻进技术的重点，先后研制了直径为 500mm、1000mm、1500mm、2000mm 不同形式的刀头及适应于不同岩石中的三种不同形式的破岩刀具。

扩孔刀头由刀盘、刀具和拉杆组成（图 2-22）。刀盘是用于安装刀具的，刀具是破岩装置，而拉杆的作用是把拉力及扭矩通过刀盘传给刀具而用于破岩。刀头形式有整体式结构和组合式结构，直径在 1.5m 以下者为整体式结构，1.5m 以上者为组合式结构。刀具分密齿形滚刀、合金钢盘形滚刀、镶齿盘形滚刀。这三种滚

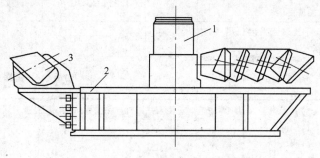

图 2-22　单层组合式刀头
1—拉杆；2—刀盘；3—刀具

刀已成为天井刀具的基本刀型，具有各自的破岩性能，基本上适应了我国矿山不同性质岩石的需要，成为我国刀具系列的基础。

C　天井钻进工艺

在钻井之前，先在上水平开凿钻机硐室，于底板上铺一层混凝土垫层，待其凝结硬化后，用地脚螺丝将钻机固定在此基础上，用斜撑油缸和定位螺杆把钻机调节到所需的钻进角度，接上电源，便可开始自上而下钻进导向孔。导向孔的直径视钻机不同，目前使用两种型号的三牙轮钻头，即 9 号（ϕ216mm）和 10 号（ϕ250mm）。在钻进过程中选用适当形式和数量的钻杆稳定器，并根据岩石性质控制转速与钻压，使钻孔偏斜率保持在 1% 以内，有的仅 0.2%～0.3%。钻进中的岩屑，用高压风或高压水排出孔外。

当导向孔钻通下水平后，卸下钻头，换上扩孔刀头，然后开始自下而上扩孔。扩孔刀具的选用视岩石条件而定。在硬岩中采用密齿形滚刀，在中硬以下岩石中采用镶齿盘形滚刀，软岩中采用合金钢盘形滚刀。孔中的岩屑借自重与高压水排离工作面。

当扩孔刀头钻通钻机底下的混凝土垫层后，用钢丝绳暂时将扩孔刀头吊在井口，待撤出钻机之后再取出扩孔刀头；或是在钻机撤出之前将扩孔刀头放到天井的底部，但是这需要重新接长钻杆，比较费事。

表 2-4 为国外钻进法掘进天井的技术指标。

表 2-4　国外钻进法掘进天井的技术指标

使用地点	天井数/个	天井直径/m	钻进总长度/m	岩石种类	使用工班总数	钻进工效/m·工$^{-1}$
麦格马铜业公司（美国）	9	1.52	631	石灰岩、石英岩、辉绿岩	925	0.68
霍姆斯特克采矿公司（美国）	10	1.38 1.82	756	石英、石英岩、片岩	681	1.10
卢卡那有限公司（赞比亚）	1	1.82	177	砂岩、石英岩	105	1.68
西方采矿公司（澳大利亚）	1	1.82	66	玄武岩、蛇纹岩	56	1.18

使用地点	天井数 /个	天井直径 /m	钻进总长度 /m	岩石种类	使用工班 总数	钻进工效 /m·工⁻¹
魁北克铜业有限公司 （加拿大）	13	1.22	1016	流纹岩、安山岩	772	1.32
不沦瑞克采冶公司（加 拿大）	7	1.52	1117	硫化岩、流纹岩、凝 灰岩	370	3.02
田纳西铜业公司（美国）	9	1.22 1.52	1076	磁黄铁矿	1008	1.07

注：工班工效的计算中包括安装天井钻机，钻凿导向孔，扩孔成井，运搬设备，以及所有辅助作业和一切耽误时间在内。

2.2.5.2　钻进法掘进天井的适用条件

钻进法掘进天井之所以发展快，是因为有如下一些优点：

（1）采用钻进法掘进天井时，不需要凿岩爆破，工人不进入工作面，故作业安全，劳动条件好。

（2）掘进天井的作业全部机械化，故掘进速度快、工效高。

（3）天井是机械钻进，成井质量好，井壁规整稳定，通风阻力小。

（4）不受天井倾角的限制，可以钻进高天井；在地温高、漏水较大的情况下，其他方法更无法与之相比。

钻进法掘进天井还存在着如下缺点：

（1）刀具的磨损大，成本较高。

（2）设备投资和动力消耗大。

（3）钻机的重量大，不便于运搬，安装工作量也大。

（4）需要开凿专门的硐室，天井上下都必须有通道。

天井钻进法在我国已经有了十几年的发展历史，钻井技术日趋完善，为我国天井施工法开辟了一条新的途径。实践证明，在中硬以下的岩石，钻井直径小于 2m，钻井深度在 60m 左右的天井钻进中，不论在工效、成本和月成井速度等技术指标方面都取得了令人满意的效果。

但是天井钻进法的设备投资大，维修费用高，辅助工程量大，刀具费用高，设备运转率不高，使用范围受到了一定的限制。

2.3　天井施工现状与发展

随着采矿向深部的发展，阶段高度有继续加大的趋势，特别是一些工业比较发达的国家，如瑞典的基富纳铁矿在采用无底柱分段崩落法中，新的主要运输水平的阶段高度已增至 235m；前苏联莫里布登钼矿采用阶段强制崩落法，开采阶段高已达 200m。国外采用充填采矿法的许多矿山，也把阶段高度提高到 100m 以上。我国某些金属矿山也采用了较大的阶段高度。随着天井高度的增加，要求的施工技术越来越高，因此施工方法的改进势在必行。

我国使用的吊罐设备与国外同类型相比，其特点是造价低、体积小、重量轻、使用灵活、结构简单、便于加工制造和辅助工程量小等优点。因此，采用吊罐法掘进天井的矿山日益增多，使之成为我国天井掘进机械化的主体，国内纪录不断刷新，使我国天井掘进跨入世界先进行列。

爬罐法是当前国外应用较多的一种天井掘进法，它能解决其他机械施工天井不能解决的沿矿体倾斜方向掘进弯曲天井的问题。我国从瑞典引进 STH-5L 近年来风动爬罐，在某钢铁公司一矿、凤凰山铜矿、程潮铁矿均得到了应用，取得了一定效果。在此基础上，我国试制了 PG-1 型风动爬罐。酒泉钢铁公司镜铁山铁矿一直使用爬罐，既实现了安全生产，又收到了较好的经济效益。但由于种种原因，爬罐掘进天井在国内尚未得到推广。而国外近年来却不断更新，已从风动、电动发展到内燃机驱动，适用范围越来越广。

深孔爆破法掘进天井，由于钻孔技术的不断改进，近年来，已在不少矿山得到了应用，至今有 40 多个矿山采用此种方法掘进天井，成井约 1 万米。但天井高度不大，一般在 30 米左右，且主要作为通风、充填天井。

钻进法在天井掘进中的应用，虽然迟于平巷和竖井，但使用这种方法有较多的有利条件，因此发展很快。自 1962 年美国罗宾斯公司生产天井钻机以后，国外许多矿山相继引进与仿制。近些年来，由于设备与刀具的不断改进，国外使用的矿山日益增多。

天井掘进方法较多，每种方法都有一定的适用条件和优缺点，施工时应根据具体情况按表 2-5 选择。

表 2-5　天井各种掘进方法的应用范围

方法	适用范围						特点
	断面规格	形状	倾斜	高度	岩性	其他	
吊罐法	1.5m×1.5m～2m×2m	圆形方形	大于80°	30～100m，取决于绳孔的精确度	必要时可支护，中硬以上岩石均可，个别软岩中也可以应用	天井上下中段都要有通道	1. 天井中心孔有助于提高爆破效率，有利于通风；2. 速度快，工效高
爬罐法	1.2m×1.5m～2.3m×2.3m 或更大	圆形方形	45°～90°及各种弯度	50～200m，电动爬罐和柴油爬罐可用于小于1000m的天井	中硬以上的岩石，能使导轨可靠地固定于顶板边	可开凿盲天井及其他类型的天井	1. 适用于掘进高天井；2. 可开凿盲天井；3. 速度快；4. 掘进前的准备工程量大；5. 投资大
深孔爆破法	一般不受限制，最小断面为0.6m	各种形状	60°以上为宜	一般以30m以内的天井为宜	各种岩石均可应用，裂隙水不宜大，岩石最好为均质的	天井上下部分都有通道	1. 所需设备少；2. 作业安全，成本低；3. 要求深孔的精度高；4. 人员一般不进入工作面作业
钻进法	一般0.9～2.4m，最大为3.6m	圆形	0～90°	30～50m	各种岩石均可	天井上下中段都要有通道	1. 井壁不超挖，光滑，井壁的通风阻力小；2. 井壁较稳定；3. 作业安全，劳动强度小；4. 掘进速度快，工效高；5. 投资和成本较高

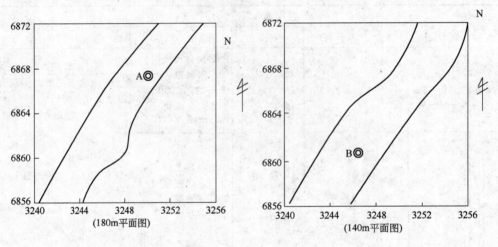

复习思考题

2-1 简述天井的定义、种类和用途。

2-2 吊罐法掘天井需要哪些设备，其作用如何？

2-3 何为偏斜率。简述中心孔偏斜的危害、偏斜原因、解决办法，吊罐法掘进天井的优缺点及适用条件。

2-4 采用三八作业制，每班三个循环，具体时间：提罐准备 6min；提罐 6min；凿岩准备 11min；凿岩 75min；装药联线 25min；整理下罐 15min；提空钢绳 6min；放炮 6min；通风 10min；装岩 70min；保健 15min。试编制吊罐法掘进天井的循环图表。

2-5 简述深孔爆破法掘进天井的特点及适用条件。

2-6 题图 2-23 为某矿 180m 和 140m 中段（海拔标高）的平面图，欲在 A、B 处开凿一溜矿井，采用吊罐法施工，平巷 S＝2m×2m，天井 S＝2m×3m。

设计：（1）标出钻孔方位、倾角、长度及注明下钻位置 A 及出钻孔位 B 的坐标。

（2）叙述吊罐法掘天井的施工过程及施工时间。比例尺 1：200。

图 2-23　题 2-6 图

2-7 简述爬罐法掘进天井的适用条件及优缺点。

2-8 简述钻进法掘进天井的适用条件及优缺点。

2-9 简述叙述天井掘进的现状及发展趋势。

3 竖 井 施 工

3.1 竖井断面布置与尺寸确定

在设计竖井井筒前，应收集有关井筒所在位置的地面地下水文及地质条件，井筒内的设备配置情况，以及井筒的服务年限、生产能力和通过风量等资料。

3.1.1 井筒类型

竖井是整个地下矿山的核心，按用途可以分为提升井和通风井（风井）。提升矿石的为主井，提放人员、设备和材料的为副井，二者兼顾的称混合井；提升设备为箕斗的为箕斗井，只能提升矿石；提升设备为罐笼的为罐笼井，可以提升矿石、废石、人员、设备和材料。

井筒断面形状一般为圆形，很少采用方形。圆形断面有利于维护，但断面利用率较低。各种井筒的用途及设备配置情况如表 3-1 和图 3-1 所示。

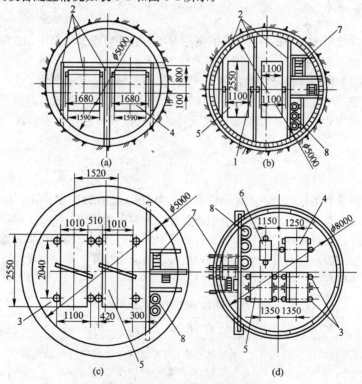

图 3-1　各种井筒内的装设情况

(a) 箕斗井；(b)、(c) 罐笼井；(d) 混合井

1—刚性罐道；2—罐道梁；3—柔性（钢丝绳）罐道；4—箕斗；

5—罐笼；6—平衡锤；7—梯子间；8—管路

表 3-1 井筒用途及设备配置

井筒类型	用　途	井内装设情况	图　例
主井（箕斗或罐笼）	提升矿石	箕斗或罐笼，有时设管路间、梯子间	图 3-1a
副井（罐笼井）	提升废石，上下人员、材料和设备	罐笼、梯子间、管路间	图 3-1b, c
混合井	提升矿石、废石，上下人员、材料和设备	罐笼、梯子间、管路间	图 3-1d
风　井	通风，兼作安全出口	井深小于 300m 时，设梯子间；井深大于 300m 时，设紧急提升设备	
盲　井	无直接通达地表的出口，一般作提升井用	根据生产需要装设	

3.1.2 井筒内的装备

竖井的主要装备是罐笼或箕斗。罐道、罐道梁、井底支承结构、过卷装置、托罐梁等都是为罐笼或箕斗的稳定、安全、高速运行而设，梯子间则是为井内设备的安装和维修或辅助安全行人通道而设。由于竖井是整个矿山的主要通道，所以风、水、电等管缆也都通过竖井。

3.1.2.1 提升容器

首先按照竖井的用途选择提升容器，目前竖井提升容器有罐笼和箕斗。选择提升容器的主要依据是竖井用途和生产能力。罐笼用途多，可以提升矿石、废石、设备、人员，但罐笼的生产能力低，一般用作副井的提升容器。箕斗只用来提升矿石，提升速度快，生产能力大，用于产量高的主井。主井生产能力大的用箕斗，生产能力小的用罐笼。罐笼有单层、多层，每层又有单车、多车，罐笼的规格视矿车而定。提升容器的数量有单容器和多容器，根据生产能力确定。

3.1.2.2 罐道

罐道分刚性罐道和柔性罐道两类。刚性罐道的类型及性能如表 3-2 所示。罐道和罐道梁与提升容器的相对位置有多种方式，罐道可以布置在提升容器的两侧、两端、单侧、对角或其他位置，原则上是保证提升容器的稳定高速运行并尽量提高竖井断面的利用率。罐道和罐道梁的选择计算，可以按照静载荷乘以一定的倍数，或按动载应力计算。无论用哪种方式计算，选择的余地并不大，一般在常用的几种类型中选择即可。

表 3-2 刚性罐道的类型及性能

罐道类型	规　格	材料特点	适用条件	适用罐梁层距/m
木罐道	矩形断面，160mm×180mm，每根长 6m	易腐蚀，使用年限不长，宜先行防腐处理	井筒内有侵蚀性水，中小型金属矿山	2
钢轨罐道	常用规格为 380kg/m、33kg/m 或 43kg/m，标准长度为 4.168m	强度大，使用年限长	箕斗井或罐笼井中多采用	4.168

罐道类型	规　格	材料特点	适用条件	适用罐梁层距/m
型钢组合罐道	由槽钢或角钢焊接而成的空心钢罐道	抵抗侧向弯曲和扭转阻力大，罐道刚性增加	配合弹性胶轮滚动罐耳，运行平稳磨损小，用于提升终端荷载和提升速度大的井中	
整体轧制罐道	方形钢管罐道	具有型钢组合罐道的优点，并优于其性能，自重小，寿命长	用于提升终端荷载和提升速度大的井中	

柔性罐道实质上是用钢绳作罐道，不用罐道梁。在钢绳罐道的一端有固定装置，另一端有拉紧装置，以保证提升容器的正常运行。柔性罐道结构简单，安装、维修方便，运行性能也很好。不足之处是井架的载荷大，要求安全间隙大（增大井筒直径）。

柔性罐道的布置方式与刚性罐道类似，有单侧、双侧、对角布置，另外在提升容器每侧还可以布置单绳或双绳。柔性罐道设计时应选择计算钢绳的直径、拉紧力和拉紧方式。钢绳直径可先按表 3-3 中的经验数据选取，然后按式（3-1）验算。

$$m = \frac{Q_1}{Q_0 + qL} \geq 6 \tag{3-1}$$

式中　m——安全系数；

　　　Q_1——罐道绳全部钢丝拉断力的总和，kg；

　　　Q_0——罐道绳下端的拉紧力，kg；

　　　q——罐绳的单位长度重量，kg/m；

　　　L——罐道绳的悬垂长度，m。

表 3-3　罐道绳直径选取经验值

井深/m	终端质量/t	提升速度/m·s⁻¹	罐道绳直径/mm	钢丝绳类型
<150	<3	2～3	20.5～25	6×7+1 普通钢丝绳
250～200	3～5	3～5	25～32	6×7+1 普通钢丝绳，密封或半密封钢丝绳
200～300	5～8	5～6	30.5～35.5	密封或半密封钢丝绳
300～400	6～12	6～8	35.5～40.5	密封或半密封钢丝绳
>400	8～12 或更大	>8	40.5～50	密封或半密封钢丝绳

罐道绳的拉紧方式参照表 3-4，拉紧力按式（3-2）计算：

$$Q_0 = \frac{qL}{e^{\frac{4q}{K_{min}}} - 1} \tag{3-2}$$

式中　Q_0——每根罐道绳上的拉紧力，kg；

　　　L——罐道绳悬垂长度，m；L 为井深 $H_0 +$（20～50）m；

　　　q——罐道绳单位长度质量，kg/m；

　　K_{min}——罐道绳最小刚性系数，$K_{min} = 45～65$kg/m，一般取 $K_{min} = 50$kg/m；对终端荷载和提升速度较大的大型井或深井，K_{min} 应选取大些，反之取小些。

表 3-4　罐道绳拉紧方式

拉紧方式	罐道绳上端	罐道绳下端	特点及适用条件
螺杆拉紧	在井架上设螺杆拉紧装置,上端用此拉紧螺杆固定	用绳夹板固定在井底钢梁上	拧紧螺杆,罐道绳产生张力。拉紧力有限,一般用于浅井中
重锤拉紧	固定在井架上	在井底用重锤拉紧,拉紧力不变,无需调绳检修	因有重锤及井底固定装置,要求井筒底部较深以及排水清扫设施。拉力大,适用于中、深井中
液压螺杆拉紧	在井架上,此液压螺杆拉紧装置将罐道绳拉紧	用倒置的固定装置固定在井底专设的钢梁上	利用液压油缸调整罐道绳拉紧力,调绳方便省力,但安装和换绳较复杂。此方式使用范围较广

3.1.2.3　罐道梁

井筒内为固定罐道而设置的水平梁,称为罐道梁(简称罐梁)。最常用的为金属罐梁,也有用钢筋混凝土罐梁的;中小型金属矿山的方井中,个别也用木罐梁。

罐梁与井壁的固定方式有梁窝埋设、预埋件固定或锚杆固定三种。

3.1.2.4　梯子间

有安全出口作用的竖井必须设梯子间。梯子间除用作安全出口外,平时用于竖井内各种设备检修。梯子间一般布置在罐笼井中,箕斗井中可不设梯子间。梯子间通常布置在井筒的一侧,并用隔板与提升间、管缆间隔开。梯子间的布置,按上下两层梯子安设的相对位置可分为并列、交错、顺列三种形式,如图 3-2 所示。梯子倾角不大于 80°;相邻两梯子平台的距离不大于 8m,通常按罐梁层间距大小而定;梯子口尺寸不小于 0.6m×0.7m;梯子上端应伸出平

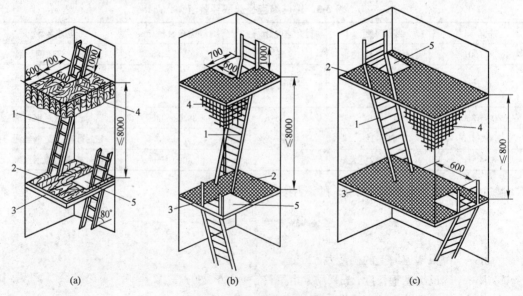

图 3-2　梯子间梯子布置形式

a—并列布置,$S_{小}$ = 1.3m×1.2m;(b) 交错布置,$S_{小}$ = 1.3m×1.4m;(c) 顺列布置,$S_{小}$ = 1m×2m

1—梯子;2—梯子平台;3—梯子梁;4—隔板(网);5—梯子口

台 1m；梯子下端离开井壁不小于 0.6m，脚踏板间距不大于 0.4m；梯子宽度不小于 0.4m。梯子的材质可以是金属或木质。

3.1.2.5 管缆间布置

排水管、压风管、供水管、下料管等各种管路和动力、通讯、信号等各种电缆通常布置在副井中，并靠近梯子间。动力电缆和通信、信号电缆间要有大于 0.3m 的间距，以免相互干扰。

3.1.2.6 提升容器四周的间隙

提升容器是竖井中的运动装置，与其他装置间保持必要的间隙是提升容器安全运行所必需的。绳罐道运行时的摆动量较大，所以间隙应大些。提升容器与刚性罐道的罐耳间的间隙不能太大，钢轨罐道的罐耳与罐道间的间隙不大于 5mm，木罐道的罐耳与罐道间隙不大于 10mm，组合罐道的附加罐耳每侧间隙为 10～15mm。钢绳罐道的滑套直径不大于钢丝绳直径 5mm。冶金矿山提升容器与井内装置间的间隙参数如表 3-5 所示。

表 3-5 提升容器与井内装置间的最小间隙（mm）

罐道和罐梁布置方式		容器和井壁间	容器和容器间	容器和罐梁间	容器和井梁间	备 注
罐道在容器一侧		150	200	40	150	罐耳和罐道卡之间为 200
罐道在容器两侧	木罐道	200		50	200	有卸载滑轮的容器，滑轮和罐梁间隙增加 25
	钢轨罐道	150		40	150	
罐道在容器正面	木罐道	200	200	50	200	
	钢轨罐道	150	200	40	150	
钢绳罐道		350	450		350	设防撞绳时，容器之间的最小间隙为 250mm，当提升高度和终端荷载很大时，提升容器之间的间隙可达 700mm

3.1.3 竖井断面的布置形式

竖井断面布置形式指竖井内的提升容器、罐道、罐梁、梯子间、管缆间、延深间等设施在井筒断面的平面布置方式。决定竖井断面布置方式的因素很多，如竖井的用途、提升容器数量和类型以及井内其他设施的类型和数量，都对竖井断面的布置有很大影响。所以，竖井断面布置方式变化较大，也比较灵活。这里只列举一些典型的布置形式（图 3-3 和表 3-6）和某些实例（图 3-4 和表 3-7）。

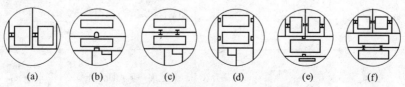

图 3-3 竖井断面布置形式示意图

表 3-6　竖井断面布置形式

竖井断面布置形式示意图	提升容器	竖井设备	备注
图 3-3a	一对箕斗	金属罐道，罐道梁双侧布置，设梯子间或延深间	箕斗主井最常用形式
图 3-3b	一对罐笼	金属罐道梁，双侧木罐道，设梯子间、管子间	罐笼副井常用形式
图 3-3c	一对罐笼	金属罐道梁，单侧钢轨罐道，设梯子间	罐笼副井常用形式
图 3-3d	一对罐笼	金属罐道梁，木或金属罐道端面布置，设梯子间、管子间	
图 3-3e	一对箕斗和一个带平衡的罐笼	箕斗提升为双侧金属罐道，罐笼提升为双侧钢轨罐道或双侧木罐道，平衡锤可用钢丝绳罐道	
图 3-3f	一对箕斗和一对罐笼	箕斗提升为双侧金属罐道，罐笼提升为单侧钢轨罐道	

表 3-7　竖井断面布置实例

实例图	竖井尺寸/m	布置内容		备注
		提升容器	井筒装备	
图 3-4a	4.94×2.7	单层单车双罐笼 1080mm×1800mm	木井框、木罐道、木罐梁	罐梁层间距 1.5m
图 3-4b	4.0	一个 5a 型罐笼配平衡锤 3200mm×1440mm×2385mm	双侧木罐道，27 号槽钢罐梁金属梯子间	罐梁层间距 2m
图 3-4c	6.5	一个 1t 矿车双层四车加宽罐笼	悬臂罐梁树脂锚杆固定，球扁钢罐，端面布置，金属梯子间，设管缆间	用于井型 1.8Mt/a 的副井
图 3-4d	6.5	两对 12t 箕斗多绳提升	两根 22^b 组合罐梁，树脂锚杆固定，球扁钢罐道，端面布置	用于井型 3.0Mt/a 的主井
图 3-4e	6.0	一对 16t 箕斗多绳提升	钢丝绳罐道，四角布置	用于井型 1.8Mt/a 的主井

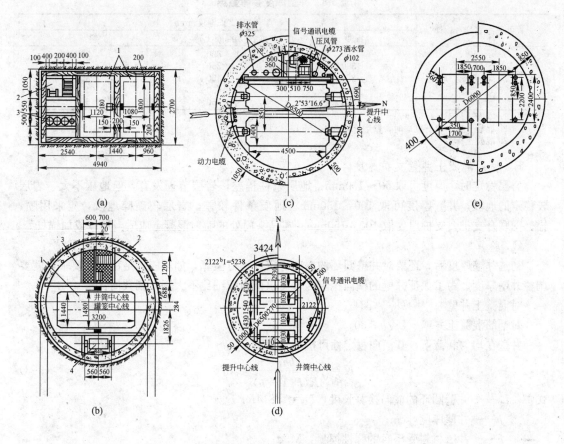

图 3-4 井筒断面布置实例

1—提升间；2—梯子间；3—管缆间；4—平衡锤间

3.1.4 竖井断面尺寸的确定

竖井断面尺寸的确定包括井筒净断面尺寸、支护材料及厚度、井壁壁座尺寸等。

3.1.4.1 井筒净断面尺寸的确定

井筒净断面尺寸主要按以下步骤确定：

(1) 选择提升容器的类型、规格和数量。

(2) 选择井内其他设施及安全间隙。

(3) 计算井筒的近似直径。

(4) 按通风要求核算井筒断面尺寸。

3.1.4.2 井壁厚度的确定

影响井壁厚度的主要因素是地压，还要考虑井的形状、大小及井内、井口各种设备或建筑物施加到井壁的压力。通常采用工程类比法确定井壁厚度。

A 整体混凝土井壁厚度

整体混凝土井壁厚度的计算当前还不完善，在实际选择时可参考表 3-8 选用。

表 3-8　井壁厚度参考数据

井筒净直径/m	井壁支护厚度/mm		
	混凝土	混凝土砖	料　石
3.0~4.0	250	300	300
4.5~5.0	300	350	300
5.5~6.0	350	400	350
6.5~7.0	400	450	400
7.5~8.0	500	550	500

注：1. 本表适用于 $f=4~6$。
　　2. 混凝土砖、料石砌碹时，壁后充填为 100mm。
　　3. 混凝土标号采用 150 号。

B　喷射混凝土井壁支护厚度

岩层稳定时，厚度可取 50~100mm；地质条件稍差，岩层节理发育，但地压不大、岩层较稳定的地段，井壁厚度可取 100~150mm；地质条件较差，岩层较破碎地段，应采用喷、锚、网联合支护，支护厚度取 100~150mm。在马头门处的喷射混凝土应适当加厚或加锚杆。

C　验算

初选井壁厚度后，还要对井壁圆环的横向稳定性进行验算，如不能满足稳定性要求，就要调整井壁厚度。为了保证井壁的横向稳定性，要求横向长细比不大于下列数值：

对混凝土井壁　　　$L_0/h \leqslant 24$；

对钢筋混凝土井壁　$L_0/h \leqslant 30$；

井壁在均匀载荷下，其横向稳定性可按下式验算：

$$K = \frac{Ebh^3}{4R_0^3 P(1-\mu)} \geqslant 2.5 \tag{3-3}$$

式中　L_0——井壁圆环的横向换算长度，$L_0 = 1.814R$；

　　　h——井壁厚度，cm；

　　　E——井壁材料受压时的弹性模量，MPa；

　　　b——井壁圆环计算高度，通常取 100cm；

　　　R_0——井壁截面中心至井筒中心的距离，cm；

　　　P——井壁单位面积上所受侧压力值，MPa；

　　　μ——井壁材料的泊松比，对混凝土取 $\mu=0.15$；

　　　R——井筒净半径。

3.1.4.3　井壁壁座

井壁壁座是加强井壁强度的措施之一，在井壁的上部、厚表土层的下部、马头门上部

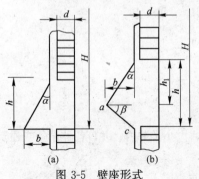

图 3-5　壁座形式

(a) 单锥形；(b) 双锥形

等部位，一般都设有井壁壁座，以加强井壁的支承能力。壁座有两种形式，即单锥形壁座和双锥形壁座（图 3-5）。双锥形壁座承载能力大，适合于井壁载荷较大的部位，单锥形壁座承载能力较小，适用于较坚硬的岩层中。壁座的尺寸可根据实践经验确定。一般壁座高度不小于壁厚的 2.5 倍，宽度不小于壁厚的 1.5 倍。通常壁高度 h 为 1~1.5m，宽度 b 为 0.4~1.2m，圆锥角 α 为 40°左右。双锥形壁座的 β 角必须小于壁座与围岩间的静摩擦角 $\varphi=20°~30°$，以保证壁座不至向井内滑动。

3.1.5 绘制井筒施工图并编制井筒工程量及材料消耗量表

井筒净直径、井壁结构和厚度确定后，即可计算井筒掘砌工程量和材料消耗量，并汇总成表，如表 3-9 所示。

表 3-9 井筒工程量及材料消耗量表

工程名称	断面/m		长度 /m	掘进体积 /m³	材料消耗			
	净	掘进			混凝土 /m³	钢材/t		
						井壁结构	井筒装备	合计
冻结层			108	6264.5	2689	97.2	66	163.2
壁座	33.2	58.1	2.0	159.3	93	1.35	1.14	2.49
基岩段			233.5	10321	2569		139.6	139.6
壁座	33.2	44.2	2.0	132.3	66	1.16	1.14	2.30
合计			345.5	16877.1	5417	99.71	207.88	307.59

3.2 竖井施工方案

竖井施工时，通常是将井筒全深划为若干井段，由上向下逐段施工。每个井段的高度取决于井筒所穿过的围岩性质及稳定程度、涌水量大小、施工设备等条件，通常分为 2～4m（短段），30～40m（长段），最高时达 100 多米。施工内容包括掘进、砌壁（井筒永久支护）和井筒安装（安装罐道梁、罐道、梯子间、管缆间或安装钢丝绳罐道）等工作。当井筒掘砌到底后，一般先自上向下安装罐道梁，然后自下而上安装罐道，最后安装梯子间及各种管缆。也有一些竖井在施工过程中，掘进、砌壁、井筒安装三项工作分段互相配合，同时进行，井筒到底时，掘、砌、安三项工作也都完成。根据掘进，砌壁、安装三项工作在时间上和空间上的施工顺序，以及所采用的井段高度大小，可分成下列几种不同的竖井施工方案。

3.2.1 长段掘砌单行作业

该作业是将井筒全深划分为 30～40m 高的若干个井段，在各个井段内，先掘进后砌壁，完成此两项工作后，再开始下一井段的掘进和砌壁，直至井筒全深，最后进行井筒安装工作。

永久支护的砌筑，根据施工材料和方法不同，分别采用现浇混凝土、喷射混凝土等方式。

为了维护井帮的稳定，保证施工人员安全，在砌筑永久支护之前可采用井圈背板或厚度为 50～100mm 的喷射混凝土，破碎岩层需适当增加锚杆和金属网。砌壁时先将井圈背板拆除，或者在已喷的混凝土上再加喷混凝土至设计厚度，如图 3-6 所示。当围岩坚硬而且稳定时，可不用临时支护，即通常所说的光井壁施工。

井段高度可根据围岩稳定程度而定，但对井帮必须经常严格检查，清理井帮浮碴、危石，以确保安全。

长段掘砌单行作业在我国较为广泛使用，如徐州

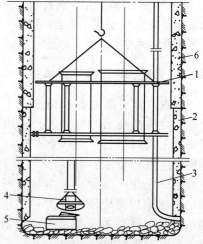

图 3-6 喷锚临时支护掘砌单行作业
1—吊盘；2—临时支护；3—喷射混凝土管；
4—抓岩机；5—吊桶；6—混凝土井壁

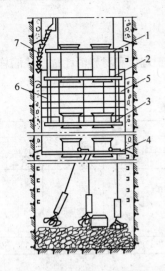

图 3-7　桥头河二井短掘短
单行作业示意图

1—第一层盘；2—第二层盘；3—第三层
盘；4—稳绳盘；5—普通模板；6—悬吊
第三层盘的钢丝绳；7—活节溜子

权台煤矿主井和金山店铁矿西风井，曾先后创月成井 160.96m 及 93.61m 的高速度。

3.2.2　短段掘砌（喷）单行作业和短段掘砌混合作业

此施工方案的特点是，每次掘砌段高仅 2～4m，掘进和砌壁工作按先后顺序完成，且砌壁工作是包括在掘进循环之中。由于掘砌段高小，无须临时支护，从而省去了长段掘砌单行作业时临时支护的挂圈、背板和砌壁后清理井底等工作。如果砌壁材料不是混凝土，而是采用喷射混凝土，就成为短段掘喷作业了。

掘进时由于采用的炮眼深度不同，井筒每遍炮的进度也不同。根据作业方式及劳动力组织不同而有一掘一砌（喷），或二掘一砌（喷），或三掘一砌（喷）等几种施工方法。图 3-7 为湖南桥头河二井采用此法的示意图。

如果掘进与砌壁工作，在一定程度上互相混合进行，例如在装岩工作的后期，暂时停止抓岩工作，组立混凝土模板后，再同时进行抓岩及浇灌永久支护，则称为混合作业。实质上它属于短段掘砌作业而又有所发展，目前这种方式有继续发展趋势。

3.2.3　长段掘砌反向平行作业

此施工方案是将井筒同样划分为若干个井段，段高视岩层的稳定程度分为 30～40m。在同一时间内，下一井段由上而下进行掘进工作，而在上一井段中由下向上进行砌壁工作。这样，在相邻的不同井段内，掘进和砌壁工作都是同时而反向进行的。当整个井筒掘砌到底后，再进行井筒安装。

红阳煤矿二矿主井净直径 6m，井深 653.4m，永久井壁为混凝土整体浇灌，壁厚 400mm，用井圈背板做临时支护（图 3-8）。

3.2.4　短段掘砌同向平行作业

此施工方案是随着井筒掘进工作面的向下推进，浇灌混凝土井壁的工作也由上向下在多层吊盘上同时进行，每次砌壁的段高与掘进的每循环进度相适应。此时吊盘下层盘与掘进工作面始终保持一定距离，由挂在吊盘下层盘下面的柔性掩护筒或刚性掩护筒做临时支护，它随吊盘的下降而紧随掘进工作面前进，从而节省了临时支护时间。

贵州老鹰山副井采用钢丝绳柔性掩护筒做临时支护（图 3-9），整体门扉式活动模板砌壁，连

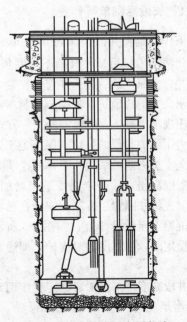

图 3-8　长段掘砌反向平行喷
单行作业示意图

续两个月达到成井 94.17m 和 105.46m。

3.2.5 掘、砌、安一次成井

此施工方案的特点是：在每一个井段内，不但完成掘进和砌壁工作，同时也完成井筒的安装工作，井筒到底后，此三项工作也全部完成。根据掘、砌、安施工顺序的不同而有不同方式。

3.2.5.1 掘、砌、安顺序作业一次成井

在每个井段内，先掘进，后砌壁，再安装。此三项工作顺序完成后，再进行下一井段的掘进、砌壁、安装工作，以此循环，直至建成整个井筒。辽宁大隆矿风井采用这种方法，曾达月进 49.8m 的成井速度。铜陵铜矿近年来采用此种方法使成井速度曾达 30～35m/月。

3.2.5.2 掘砌和掘安平行作业一次成井

此种作业方式的特点是：考虑到砌壁速度快于掘进速度，当下一井段进行掘进工作时，上一井段先砌壁，砌完壁后再安装，亦即使掘进先与砌壁平行，后与安装平行，砌、安所需工时与掘进工时大致相等。鹤壁梁峪矿在净径为 6m、深为 291m 的副井中，采用此种施工方案，掘、砌、安一次成井最高月进度达 97.3m，如图 3-10 所示。

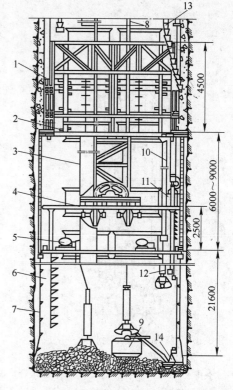

图 3-9 老鹰山竖井短段同向平行作业

1—门扉式模板；2—砌壁托盘；3—风筒；4—挂掩护支架盘；5—风动绞车；6—安全梯；7—柔性掩护网；8—吊盘悬吊钢丝绳；9—吊桶；10—压风管；11—吊泵；12—分风器；13—混凝土输送管；14—压气泵

3.2.5.3 掘、砌、安三平行作业一次成井

在深井施工中，掘、砌工作采取短段平行作业，而安装工作在吊盘上同时进行，因此，要求安装与掘、砌工作相互密切配合，且劳动组织与施工管理更应严密。捷克斯台里克 3 号主井用此法曾达掘、砌、安三平行月一次成井 321.9m 的高速度。

3.2.6 反井刷大与分段多头掘进

以上各种施工方案都是由上向下进行开凿的。当有条件能把巷道送到新建井筒的下部时，可以从下向上开凿井筒。通常是先掘反井，然后刷大，这就是反井刷大法。刷大时，可以利用天井溜放岩石，不需抓岩和排水设备，爆破、通风也较容易。此法具有设备少、速度快、工时短、成本低等优点。易门风山竖井采用此种方法，8 天时间由上向下刷大了 103m 井筒。

如井筒深度较大，在施工中有几个中段巷道都可以送到井筒位置，这时可将井筒分成若干段，由各段向上或向下掘进井筒，这就形成了井筒的分段多头掘进法，如图 3-11 所示。

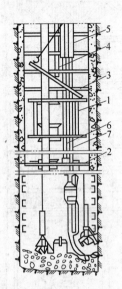

图 3-10　掘、砌、安平行作业一次成井

1—吊盘；2—稳绳盘；3—罐梁；4—罐道；
5—永久排水管；6—临时压风管；7—临时排水管

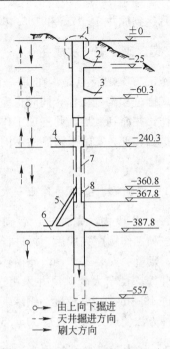

图 3-11　井筒分段多头掘进

1—提升机室；2——25m处平硐；3——60.3m处
平硐；4—水平巷道通总排风井；5—斜溜井；
6—井底车场；7—天井；8—中间岩柱

3.3　凿岩爆破工作

凿岩爆破是井筒基岩掘进中的主要工序之一，其工时一般占掘进循环时间的 20%～30%，它直接影响到井筒掘进速度和井筒规格质量。良好的凿岩工作是：凿岩速度快，打出的炮眼在眼径、深度、方向和布眼均匀上符合设计要求，孔内岩粉清理干净等；而良好的爆破工作应能保证炮眼利用率高，岩块均匀适度，底部岩面平整，井筒成型规整，不超挖，不欠挖，爆破时不崩坏井内设备，并使工时、劳力、材料消耗最少。

为了满足上述要求，需正确选取凿岩机具和爆破器材，确定合理的爆破参数，采取行之有效的劳动组织和熟练的操作技术等。

3.3.1　凿岩工作

根据井筒工作面大小、炮眼数目、深度等选择凿岩机具，布置供风、供水管路系统，以及采取供水降压措施等。

3.3.1.1　凿岩机具

2m 以下的浅眼，可采用手持凿岩机打眼，如改进的 01-30、YT-24、YT-23、YTP-26 等型号。一般工作面每 2～3m² 配备一台。钎头可用一字形、十字形或柱齿形钎头，钎头直径一般为 38～42mm。如用大直径药卷，则凿出的炮眼直径应比药卷直径大 6～8mm。

手持凿岩机打眼劳动强度大、凿速慢，不能打深眼，多用在井筒深度浅、断面小的竖井中打浅眼。

3.3.1.2 钻架

为改变人工抱机打眼方式，实现打深眼、大眼，加快凿岩速度，提高竖井施工机械化水平，国内已在推广使用环形和伞形两种钻架，配合高效率的中型或重型凿岩机，可以钻凿 4～5m 以下的深眼。

A 环形钻架

FJH 型环形钻架（图 3-12）由环形滑道、外伸滑道、撑紧装置（千斤顶及撑紧气缸）和悬吊装置、分风分水环管等主要部件组成。外伸滑道具有与环形滑道相同的弧度，可绕各自的支点伸出或收拢于环形滑道之下。滑道由工字钢或两个槽钢对扣焊在一起而成。凿岩机通过气腿子吊挂在能沿环形滑道翼缘滚动移位的双轮小车上。每一环形钻架，根据其外径大小，可挂装 12～24 台凿岩机打眼。

环形钻架外径比井筒净径小 300～400mm，用 3 台 2t 气动绞车通过悬吊装置悬吊在吊盘上。打眼时环架下放到距工作面约 3m 处，放炮前提到吊盘下。打眼时为了固定环架，用套筒千斤顶及撑紧气缸固定于井帮上。环形滑道上方装有环形风管与水管，以便向凿岩机供风供水。

环形钻架结构简单，制作容易，维修方便，造价低廉。不足之处是它仍用气腿推进的轻型凿岩机，其钻速和眼深都受到一定限制。此种钻架的技术性能如表 3-10 所示。

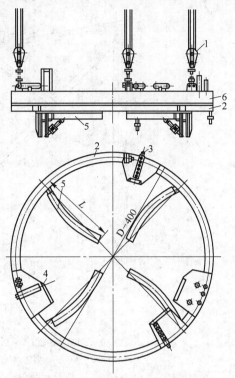

图 3-12 FJH 型环形钻架
1—悬吊装置；2—环形滑道；3—套筒千斤顶；
4—撑紧气缸；5—外伸滑道；6—分风分水环管

表 3-10 FJH 型环形钻架技术性能

项　　目	钻架型号				
	FJH-5	FJH-5.5	FJH-6	FJH-6.5	FJH-7
适用井筒净直径/m	5.0	5.5	6	6.5	7
环形跑道外径/mm	4600	5100	5600	6100	6600
外伸跑道数目/个	4	4	5	6	6
外伸跑道长度/mm	1350	1600	1850	2100	2350
使用凿岩机台数	12	12～16	16～20	20～24	20～24
重量（不包括凿岩机和风腿）/kg	2740	3000	3470	3980	4170
跑道宽度/mm			180		
推荐用凿岩机型号			YTP-26		
推荐用风腿型号			FT-170		
打眼深度/mm			3～4		
悬吊钢丝绳直径/mm			15.5		

B　伞形钻架

伞形钻架是一种风、液联动并配备有重型高频凿岩机的设备，它由下列主要部件组成（图3-13）：

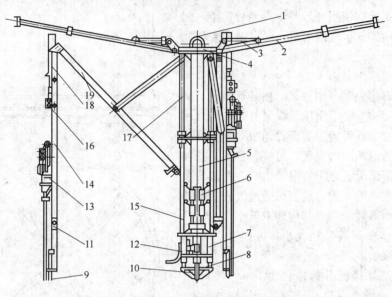

图 3-13　FJD 型伞形钻架

1—吊环；2—支撑臂油缸；3—升降油缸；4—顶盘；5—立柱钢管；6—液压阀；
7—调高器；8—调高器油缸；9—活顶尖；10—底座；11—操纵阀组；12—风马达
和丝杠；13—YGZ-70 型凿岩机；14—滑轨；15—滑道；16—推进风马达；
17—动臂油缸；18—升降油缸；19—动臂

（1）中央立柱，由钢管制成，是伞钻驱干，3 个支撑臂、6 个或 9 个动臂和液压系统都安装在立柱上面。立柱钢管兼作液压系统的油箱，其上有顶盘及吊环，其下有底座，分别是伞钻提运和停放支撑的部件。

（2）支撑臂，有 3 个，当伞钻工作时，用它支撑固紧在井帮上。

（3）动臂，有 6 个或 9 个，均匀地布置在中央立柱周围。每个动臂上都安装一台 YGZ-70 型高频凿岩机。动臂借助曲柄连杆机构可在井筒中做径向运动，从而使凿岩机能钻任何部位的炮眼。

（4）推进器，位于动臂之上，由滑轨，风电机、丝杠、升降气缸，活顶尖、托钎器等部件组成，可完成凿岩机工作时的推进、后退、换钎、给水、排粉等全部凿岩工作。

还有集中控制的操纵阀组及液压与风动系统。

伞形钻架工作时，应始终吊挂在提升钩头上或吊盘的气动绞车上，以防止支撑臂偶然失灵时钻架倾倒。

打眼结束后，先后收拢动臂、支撑臂和调高器油缸，关闭总风水阀，拆下风水管，用绳子将伞钻捆好，用提升钩头提至地面翻矸台下方，再改挂到翻矸台下方沿工字钢轨道上运行的小滑车上，然后由提升位置移至井口一边，以备检修后再用。

用伞形钻架打眼，机械化程度高，钻速快，在坚硬岩层中打深眼尤为适宜。其不足之处是使用中提升、下放、撑开、收拢等工序占用工时，井架翻矸台的高度需满足伞钻提放的要求，井口还需另设伞钻改挂移位装置等。伞形钻架技术性能如表 3-11 所示。

表 3-11 伞形钻架技术特征

名　　　称	FJD-6	FJD-6A	FJD-9	FJD-9A
适用井筒直径/m	5.0～6.0	5.5～8.0	5.0～8.0	5.5～8.0
支撑臂数/个	3	3	3	3
支撑范围/m	$\phi5.0～6.8$	$\phi5.1～9.6$	$\phi5.0～9.6$	$\phi5.5～9.6$
动壁数/个	6	6	9	9
钻眼范围/m	$\phi1.34～6.8$	$\phi1.34～6.8$	$\phi1.54～8.6$	$\phi1.54～8.6$
推进行程/m	3.0	4.2	4.0	4.2
凿岩机型号	YGZ-70	YGZ-70、YGZX-55	YGZ-70	YGZ-70
使用风压/MPa	0.5～0.6	0.5～0.6	0.5～0.7	0.5～0.7
使用水压/MPa	0.4～0.5	0.4～0.5	0.3～0.5	0.3～0.5
总耗风量/m³·min⁻¹	50	50	90	100
收拢后外形尺寸/m	直径1.5，高4.5	直径1.65，高7.2	直径1.6，高5.0	直径1.75，高7.63
总质量/kg	5300	7500	8500	10500

3.3.1.3 供风、供水

供应足够的风量与风压，适当的水量与水压，是保证快速凿岩的重要条件。通常风水管由地面稳车悬吊送至吊盘上，再由吊盘上的三通及高压软管分送至工作面的分风、分水器，向手持凿岩机供风、供水。分风、分水器的形式很多，如图3-14所示是某铁矿主井用的分风、分水器。它具有体积小，风水接头布置合理，风水绳不易互相缠绕，在地面用绞车悬吊，有升降迅速，方便、省力等优点。

至于伞钻与环钻的供风、供水，只需将风水干管与钻架上的风水干管接通后，即可供各凿岩机使用。

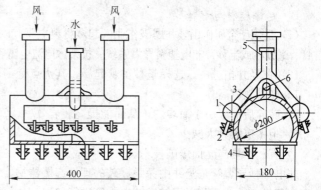

图 3-14 分风、分水器
1—分水器；2—供水接头；3—分风器；4—供风接头；
5—供风、供水钢管及法兰；6—吊环

3.3.2 爆破工作

爆破工作主要包括正确选择爆破器材，确定合理的爆破参数，编制爆破图表，设计合理的电爆网路等。

3.3.2.1 爆破器材的选择

A 炸药与选择

a 炸药

(1) 硝铵炸药主要有2号和4号抗水岩石硝铵炸药，以及在硝铵炸药的基础上加入一定分量的梯恩梯、黑索金或铝粉而制成的高威力炸药，矿山用得较多。

(2) 硝化甘油炸药具有爆轰稳定性高、防水性能好、密度大和可塑性等优点，但它的机械感度高，不安全，因而使用不广泛。

(3) 乳化炸药是70年代发展起来的新产品。实践表明，乳化炸药比现用的2号岩石炸药、浆状炸药以及水胶炸药都具有更大的优越性。

b 炸药的选择

炸药的选择应根据岩石的坚固性、防水性、眼深等条件，以达到较高的爆破效率和较好的经济效益为原则。根据我国近年来竖井爆破作业的经验，可参考以下几点：

（1）在中硬以下的岩石、涌水量不大和眼深小于2m的情况下，可选用2号或4号抗水硝铵炸药。涌水量稍大时，可采取涂蜡或加防水套等措施。

（2）在2.5～5.0m的中深孔爆破作业中，不论岩石条件和涌水量大小，均应选用高威力炸药（包括胶质炸药）。硝铵类高威力炸药由于抗水性质欠佳，因此，要视岩石条件和涌水量大小，应采取与胶质炸药混合装药，或有严格的防水措施。

（3）乳化炸药是竖井爆破作业的理想炸药。但炸药的威力尚不能适应中硬以上岩石中的深眼爆破作业的需要，应进一步研究解决。

药卷直径有标准型的，有32mm，也有35、45mm的。光爆用炸药可将岩石铵梯炸药根据炮眼密集系数大小而改装成直径为22、25、28mm的药卷，或者采用φ32mm的药卷和导爆索，用竹片绑扎在一起，使各药卷之间留有较大的距离，以实现空气间隔装药。但此种办法只适用于2m以下的浅眼，深眼则不便。

B　起爆器材与选择

（1）适用于金属矿山竖井爆破作业的起爆材料主要有以下几种：秒延期电雷管、毫秒延期电雷管、毫秒（或半秒）非电塑料导爆系统、抗杂散电流电雷管（简称抗杂电雷管）及导爆索等。

（2）在竖井掘进中，选择毫秒雷管起爆，其优点有：

1）爆破效率高。

2）破碎后的岩块小而均匀，从而能提高装岩效率。

3）拒爆事故大大减少。

4）有利于推广光面爆破技术。

非电半秒导爆管是竖井中深眼爆破的理想起爆器材，它除有抗水性能好、成本低、操作简单安全等优点外，还可以用较少的电雷管进行起爆，从而使爆破网路有足够的起爆电流，保证起爆的可靠性。

3.3.2.2　爆破参数及炮孔布置

正确选择凿岩爆破参数，对提高爆破效率减少超挖，保证井筒掘进质量和工作安全，提高掘进速度，降低成本等有着重要意义。部分快速掘进井筒的凿岩爆破参数，如表3-12所示。

表 3-12　部分快速掘进井筒的凿岩爆破参数

项　目	万年矿主风井	金山店铁矿西风井	凡口矿新副井	红阳二矿主井	凤凰山新副井	铜山新大井
掘进断面/m³	26.4	24.6	27.33	36.3	26.4	29.22
岩石坚固性系数 f	4～6	10～14	8～10	4～8	6～10	4～6
炮眼数目/个	56	64	80	60	104	62
单位炮眼数目/个·m⁻²	2.12	2.6	2.93	1.65	3.93	2.12
掏槽方式	垂直漏斗	锥形	锥形、角柱	垂直	复式锥形	垂直
炮眼深度/m	4.2～4.4	1.5	2.7	1.5	3.76	3～4.0
爆破进尺/m	3.86	1.11	2.18	1.3	2.9	3.14
炮眼利用率/%	0.89	0.85	0.81	0.87	0.77	0.94
联线方式	并联	并联	并联	并联	并联	并联
炸药种类	硝黑	硝铵	甘油、硝铵	40%的甘油	铵黑梯	铵梯
药包直径/mm	45	32	32	35	32	32
雷管种类	毫秒	秒差	毫秒	毫秒	毫秒、秒差	毫秒
单位炸药消耗量/kg·m⁻³	2.28	1.75	1.96		3.14	1.67
凿岩设备	伞钻	01-30	环钻 YT-30	01-30	环钻 YT-30	环钻 YT-30
最高月成井速度/m·月⁻¹	82.9	93.6	120.1	134.3	115.25	113

A 炸药消耗量

单位炸药消耗量是衡量爆破效果的重要参数。装药量过少，岩石块度大，爆破效率低，井筒成型差；装药量过大，既浪费炸药，又破坏了围岩的稳定性，造成井筒大量超挖，还可能飞石过高，打坏井内设备。

炸药消耗量的确定一是可参考某些经验公式进行计算，但这些公式常因工程条件变化，其计算结果与实际消耗量往往有出入；二是可按炸药消耗量定额（表 3-13）或实际统计数据确定。

表 3-13 竖井掘进（原岩）炸药消耗定额（kg/m³）

岩石硬度系数 f	井筒直径/m								
	4.0	4.5	5.0	5.5	6.0	6.5	7.0	7.5	8.0
<3	0.75	0.71	0.68	0.64	0.62	0.61	0.60	0.58	0.57
4~6	1.25	1.71	1.11	1.07	1.05	0.99	0.95	0.92	0.91
6~8	1.63	1.53	1.46	1.41	1.39	1.32	1.28	1.24	1.23
8~10	2.01	1.89	1.8	1.74	1.72	1.65	1.61	1.56	1.55
10~12	2.31	2.2	2.13	2.04	2.0	1.92	1.88	1.81	1.78
12~14	2.6	2.5	2.46	2.34	2.27	2.18	2.14	2.05	2.0
15~20	2.8	2.76	2.78	2.67	2.61	2.53	2.5	2.38	2.3

注：1. 表中数据系指 62%硝化甘油炸药消耗量。若用一号岩石抗水硝铵炸药，需乘以 1.03；若用二号岩石抗水硝铵炸药，则乘以 1.13；采用三号岩石抗水炸药硝铵炸药，需乘以 1.29。

2. 涌水量调整系数：涌水量 $Q < 5m^3/h$ 时为 1；$< 10m^3/h$ 时为 1.05；$< 20m^3/h$ 时为 1.12；$< 30m^3/h$ 时为 1.15；$< 50m^3/h$ 时为 1.18；$< 70m^3/h$ 时为 1.21。

光面爆破炮眼装药量一般以单位长度装药计。某矿用 2 号岩石硝铵炸药，在中硬以下岩石中，眼深 2.5~3.0m，每米炮眼的装药量为 150~200g。铜陵新大井眼深 3.5~4.6m，每米炮眼装药量为 300~400g。

B 炮眼直径

药卷直径和其相应的炮眼直径，是凿岩爆破中另一个重要参数。最佳的药卷直径应以获得较优的爆破效果，同时又不增加总的凿岩时间作为衡量标准。许多实例说明，使用直径为 45mm 的药卷比使用直径为 32mm 的药卷，其眼数可减少 30%~50%，炸药消耗量可减少 20%~25%，且岩石的破碎块度小，装岩生产率得以提高。但炮眼直径加大后，尤其是采用较深的炮眼后，凿岩效率会降低。因此，在当前技术装备条件下，综合竖井掘进的特点，掏槽眼与辅助眼的药卷直径宜采用 40~45mm，相应的炮眼直径相应增加到 48~52mm，而周边眼仍可采用标准直径药卷，这样既可减少炮眼数目和提高爆破效率，也便于采用光面爆破，保证井筒的规格。

C 炮眼深度

炮眼深度不仅是影响凿岩爆破效果的基本参数，也是研制钻具和爆破器材、决定循环工作组织和凿井速度的重要参数。最佳的炮眼深度应使每米井筒的耗时、耗工量减少，并能提高设备作业效率，从而取得较高的凿井速度。根据近年来的凿井实践，确定合理的炮眼深度要考虑下面一些主要问题：

（1）采用凿岩钻架凿岩，每循环辅助作业时间比手持式凿岩增加一倍。为了使钻架凿岩掘凿 1m 井筒所耗的辅助工时低于手持式凿岩，必须将炮眼深度也提高一倍，即，提高到 2.5~4.0m 以上。

（2）为了发挥大抓岩机的生产能力，一次爆破的岩石量应为抓岩机小时生产能力的 3～5 倍，否则，清底时间所占比重太大。在爆破效果良好的前提下，炮眼深度愈深，总的抓岩时间愈少。

（3）每昼夜完成的循环数应为整数，否则，要增加辅助作业时间并不便于组织安排，在现有的技术水平条件下炮眼深度不宜太深。

（4）从我国现有的爆破器材的性能来看，要取得良好的爆破效果，炮眼深度也不能过深；从当前的凿岩机具性能来看，钻凿 5m 以上的深眼时，钻速降低甚多。必须进一步改进现有的凿岩机具，否则，凿岩时间便要拖长。

综合上述分析与现场实际经验，目前在竖井掘进中，用手持式凿岩和 NZQ_2-0.11 型小抓岩机时，炮眼深度为 1.5～2.0m；采用钻架和大抓岩机配套时，炮眼深度以 2.5～4.5m 为宜。

D　炮眼数目

炮眼数目取决于岩石性质、炸药性能、井筒断面大小以及药卷直径等。炮眼数目可用计算方法初算（见式 1-10），或用经验类比的方法初步确定，作为布置炮眼的依据，然后再按炮眼排列布置情况，适当加以调整，最后确定之。

E　炮眼布置

在圆形竖井中，炮眼通常采用同心圆布置。布置的方法是，首先确定掏槽眼型式及其数目，其次布置周边眼，再次确定辅助眼的圈数、圈径及眼距。

a　掏槽眼布置

掏槽眼的布置是决定爆破效果、控制飞石的关键，一般布置在最易爆破和最易钻凿炮眼的井筒中心。掏槽型式根据岩石性质、井筒断面大小、炮眼深度不同而分为下列两种：

（1）斜眼掏槽。眼数 4～6 个，呈圆锥形布置，倾角一般为 70°～80°。掏槽眼比其他眼深200～300mm，各眼底间距不得小于 200mm。采用这种掏槽型式，打斜眼不易掌握角度，且受井筒断面的限制，但可使岩石破碎和抛掷较易。为防止爆破时岩石飞扬打坏井内设施，常加打一个井筒中心空眼，眼深为掏槽眼的 1/2～1/3，借以增加岩石碎胀的补偿空间。此种掏槽型式多适用于岩石坚硬的浅眼爆破的井筒中（图 3-15a）。

如果岩石韧性很大，炮眼较深，单锥掏槽效果不好，则可用复锥掏槽（图 3-15c），后分次爆破。

（2）直眼掏槽。圈径 1.2～1.8m，眼数 6～8 个。由于打直眼，方向易掌握，也便于机械化施工。但直眼，特别是较深炮眼时，往往受岩石的夹制作用而使爆破效果不佳。为此，可采用多阶（2～3 阶）复式掏槽（图 3-15e）。后一阶的槽眼，依次比前一阶的槽眼要深。各掏槽眼圈间距也较小，一般为 250～360mm，分次顺序起爆。但后爆眼装药顶端不宜高出先爆眼底位置。眼内未装药部分，宜用炮泥填塞密实。为改善掏槽效果，要求提高炮泥的堵塞质量以增加封口阻力，而且必须使用高威力炸药。

b　周边眼布置

周边眼一般距井壁 100～200mm，眼距 500～700mm，最小抵抗线为 700mm 左右。如采用光面爆破，需考虑炮眼密集系数 $a = \dfrac{E}{W} = 0.8 \sim 1.0$。式中，$E$ 为周边眼间距，W 为光爆层的最小抵抗线。

竖井光爆的标准，要视具体情况而定，如井筒采用浇灌混凝土支护，且用短段掘砌的作业方式，支护可紧跟掘进工作面，则竖井光面爆破的标准可以降低。在此种情况下，过于追求井帮上眼痕的多少，势必增加炮眼的数目，使装药结构复杂化，从而降低技术经济效果。只有在采用喷锚支护，或光井壁单行作业的情况下才应提高光面爆破的标准。

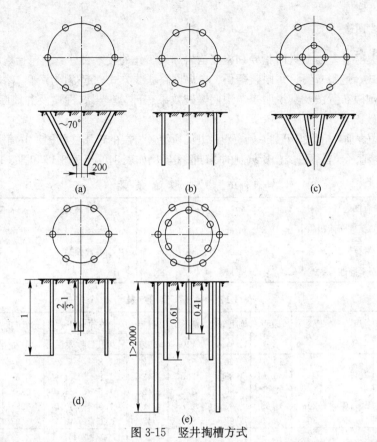

图 3-15 竖井掏槽方式

(a) 斜眼掏槽；(b) 直眼掏槽；(c) 复锥掏槽；(d) 带中心空眼的直眼掏槽；(e) 二阶直眼掏槽

c 辅助眼布置

辅助眼圈数视岩石性质和掏槽眼至周边眼间距而定，一般控制各圈圈距为 600～1000mm，硬岩取小值，软岩取大值，眼距约为 800～1000mm。

各炮眼圈直径与井筒直径之比，如表 3-14 所示。各圈炮眼数与掏槽眼数之比，如表 3-15 所示。

表 3-14　炮眼眼圈直径与井筒直径比值

井筒掘进直径/m	圈　数	圈　别				
		第一圈	第二圈	第三圈	第四圈	第五圈
4.5～5.0	3	0.33～0.36	0.65～0.72	0.92～0.95		
5.5～7.0	4	0.23～0.28	0.5～0.55	0.65～0.72	0.94～0.96	
7.0～8.5	5	0.2～0.25	0.4～0.45	0.6～0.65	0.65～0.72	0.96～0.98

表 3-15　各圈炮眼数与掏槽眼数之比

井筒掘进直径/m	圈　数	圈　别			
		第一圈	第二圈	第三圈	第四圈
0.5～5.0	3	1	2	—	
5.5～7.0	4	1	1.5～2.0	2.5～3.0	—
7.0～8.5	5	1	1.5～2.0	2.5～3.0	3.5～4.0

3.3.2.3　爆破图表

爆破图表是竖井基岩掘进时指导和检查凿岩爆破工作的技术文件，它包括炮眼深度、炮眼数目、掏槽型式、炮眼布置、每眼装药量、电爆网路联线方式、起爆顺序等，然后归纳成爆破原始条件表、炮眼布置图及其说明表、预期爆破效果三部分。岩石性质及井筒断面尺寸不同，就有不同的爆破图表。

编制爆破图表前，应取得下列原始资料：井筒所穿过岩层的地质柱状图、井筒掘进规格尺寸、炸药种类、药卷直径、雷管种类。所编制的爆破图表实例如表 3-16 至表 3-18 和图 3-16 所示。

表 3-16　爆 破 原 始 条 件

1	井筒掘进直径	5.8m	5	炸药种类	高威力硝铵炸药
2	井筒掘进断面积	27.34m²	6	药包规格	32mm×200mm，150g
3	岩石种类	石英岩	7	雷管种类	毫秒电雷管
4	岩石坚固性系数	8～10	8		

表 3-17　爆 破 参 数 表

炮眼序号	圈径/m	圈距/m	眼数/个	眼距/m	炮眼角度/(°)	眼深/m	眼径/mm	装药量/kg 每孔	装药量/kg 每圈	充填长度/m	起爆顺序	联线方式
1～4	0.75	0.375	4	0.6	90	3.0	42	1.8	7.2	0.6	I	分两组并联
5～12	1.8	0.53	8	0.7	85	2.8	42	1.8	14.4	0.6	II	
13～26	3.0	0.60	14	0.67	90	2.8	42	1.5	21.0	0.8	III	
27～46	4.4	0.70	20	0.68	90	2.8	42	1.5	30.0	0.8	IV	
47～76	5.7	0.65	30	0.60	92	2.8	42	1.35	40.5	1.0	V	
合计			76						113.1			

表 3-18　预 期 爆 破 效 果

序 号	指　标　名　称	数　量
1	炮眼利用率/%	85
2	每一循环进尺/m	2.38
3	每一循环实体岩石量/m³	62.83
4	实体岩石炸药消耗量/kg·m⁻³	1.8
5	进尺炸药消耗量/kg·m⁻¹	47.52
6	实体岩石雷管消耗量/个·m⁻³	1.21
7	进尺雷管消耗量/个·m⁻¹	31.93

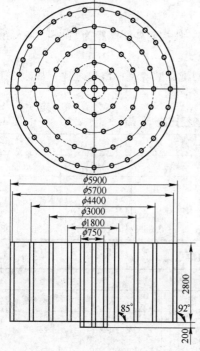

图 3-16　炮眼布置图

3.3.2.4　装药、联线、放炮

炮眼装药前，应用压风将眼内岩粉吹净。药卷可逐个装入，或者事先在地面将几个药卷装入长塑料套中或防水蜡纸筒中，一次装入眼内。这样可加快装药速度，也可避免药卷间因掉入岩石碎块而拒爆。装药结束后炮眼上部需用黄泥或沙子充填密实。

为了防止工作面爆破网路被水淹没，可将联结雷管脚线的放炮母线（16～18 号铁丝），架在插入炮眼中的木橛上，放炮母线可与吊盘以下放炮干线（断面 4～6mm²）相连。吊盘以上则为爆破电缆（断面 10～

16mm²)。在地面由专用的放炮开关与 220V 或 380V 交流电源接通放炮。

竖井爆破通常采用并联、串并联网路（图 3-17）。无论采用哪种联线，均应使每个雷管至少获得准爆电流。采用串并联时，还应使分组串联的雷管数要大致相等。

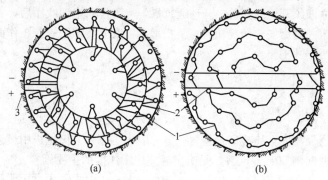

图 3-17　竖井爆破网路

（a）并联；（b）串并联

1—雷管脚线；2—爆破母线；3—爆破干线

3.3.2.5　竖井凿岩工安全操作规程

（1）竖井下向凿岩：竖井施工时，必须采取防止物件下坠的措施，井口必须装设严密可靠的井口盖和井盖门。卸碴设施必须严密，井内工作人员携带的工具、材料，必须拴绑牢固或置于工具袋内，严禁向井筒内投掷物料或工具。下列情况下作业人员必须佩戴安全带，安全带的一端应正确拴在牢固的构件上：拆除保护台；在井筒内或井架上安装或拆除设备；在井筒内处理悬吊设备、管、缆，或在吊盘上进行工作；乘吊桶时；爆破后到井圈上清理浮石。爆破后，工作面必须经过通风、洒水、处理浮石、清扫井圈和处理残药与盲炮，才准进行装岩作业。

（2）竖井凿岩施工时：吊盘上应有一名信号工负责监视工作面安全情况和做好上下联系；吊桶升降凿岩工器具时，必须绑扎好，不得伸出吊桶周围外；多机凿岩的分风、分水器需安装在吊盘上的管路终端。打深眼，应选用合理的钎子组，防止断钎伤人；凿岩时必须给机器施加压力，不准坐在机器上作业，打完眼后，立即用木楔堵住，防止砂石堵眼。

3.3.2.6　爆破工安全操作规程

竖井施工中进行爆破作业应严格遵守《爆破安全规程》的有关规定，同时必须注意以下几点：

（1）加工起爆药卷，必须在离井筒 50m 以外的室内进行，且只许由放炮工送到井下。

（2）送爆破材料时，爆破工必须遵守下列规定：

1）事先通知卷扬司机和信号工。

2）在上下班人员集中的时间内，禁止运爆破材料。

3）运送爆破材料时，除爆破材料外，不得与其他物品或人同行。

4）严禁爆破材料在井口或井底车场停放。

（3）装药前所有井内设备均须提至安全高度，非装药联线人员一律撤出井外。

（4）装药、联线完毕后，由爆破工进行严格检查。检查合格后爆破工将放炮母线与干线相连，此时井内人员应全部撤出。

（5）井口爆破开关应专门设箱上锁，专人看管。联线前，必须打开爆破开关，并切断通往井内的一切电源。信号箱、照明线等均须提到安全高度。

（6）放炮前，要将井盖门打开，确认井筒全部人员撤出后，才由专责放炮工合闸放炮。

（7）放炮后，立即拉开放炮开关，开动通风机，待工作面炮烟吹净后，方可允许班组长及少数有经验人员进入井内做安全情况检查，清扫吊盘上及井帮浮石；待工作面已呈现安全状态后，才允许其他人员下井工作。

3.4　装岩、翻矸、排矸

3.4.1　装岩工作

爆破后，经过通风与安全检查即行装岩。竖井装岩工作是井筒掘进中最繁重、最费力的工序，约占掘进循环时间的 50%～60%，是决定竖井施工速度的主要因素。

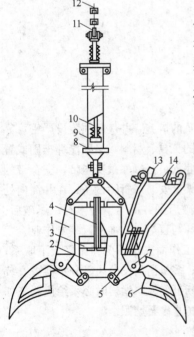

图 3-18　NZQ₂-0.11 型抓岩机
1—机体；2—抓斗气缸；3—活塞；
4—双层活塞杆；5—铰链板；6—抓片；
7—小轴；8—起重气缸；9—活塞；
10—活塞杆；11—护绳环；12—悬吊
钢丝绳；13、14—配气阀

过去，国内一直采用 NZQ_2-0.11 型抓岩机。其生产率低，劳动强度大。近年来，已成功研制出几种不同型式的机械化操纵的大抓岩机，并与其他凿井设备配套，形成了具有我国特点的竖井机械化作业线。

3.4.1.1　NZQ₂-0.11 型抓岩机

它是我国应用最广的一种小型抓岩机，抓斗容积为 $0.11m^3$，以压风为动力，人工操作。它由抓斗、气缸升降器和操纵架三大部件组成，如图 3-18 所示。平时用钢丝绳悬吊在吊盘上的气动绞车上，装岩时下放到工作面；装岩结束后，用气动绞车提升到吊盘下方距工作面 15～20m 的安全高度，以免炮崩。

（1）抓斗。它由机体外壳、气缸和抓片组成。气缸的双层活塞杆 4 一端与机体外壳 1 固定在一起，分别向气缸活塞 3 的两端供气，使缸体 2 相对机壳做升降运动，经铰链 5 带动抓片 6 绕小轴 7 转动而张合。

（2）气缸升降器。抓片抓满岩石后，升降器将抓斗提至吊桶高度，向桶内卸矸。气缸活塞杆 10 的上端经护绳环 11 与悬吊钢丝绳连接。

（3）操纵架。它用钢管弯成，兼作抓岩机气路的一部分。手把上设左、右配气阀 13、14。司机旋动气阀，摆动机体，控制气路，使升降器起落、抓片张合。其技术性能如表 3-19 所示。

表 3-19　抓岩机的主要技术性能

抓岩机类型		抓斗容积/m³	抓斗直径/mm		技术生产率/m³·h⁻¹	适用井筒直径/m	外形尺寸（长×宽×高）/mm	质量/kg
			闭合	张开				
人工操作	NZQ₂-0.11	0.11	1000	1305	12	不限	6780×1305×1305	655
	HS-6	0.6	1770	2230	50	5～8	3240×2907×1740	10290

续表 3-19

抓岩机类型		抓斗容积/m³	抓斗直径/mm		技术生产率/m³·h⁻¹	适用井筒直径/m	外形尺寸（长×宽×高）/mm	质量/kg
			闭合	张开				
中心回转	HZ-4	0.4	1296	1965	30	4～6	900×800×6350	7577
	HZ-6	0.6	1600		50	4～6	900×800×7100	8077
环形轨道	HH-6	0.6	1600	2130	50	5～8		8580
	2HH-6	2×0.6	1600	2130	80～100	6.5～8		13636
靠壁式	HK-4	0.4	1296	1965	30	4～5.5	1190×930×5840	5450
	HK-6	0.6	1600	2130	50	5～6.5	1300×1100×6325	7340

一台 NZQ$_2$-0.11 型抓岩机担负抓取面积约 9～20m²，需配备 2～3 名工人。为了缩短装岩时间，普遍采用多台抓岩机分区同时抓岩。为此，必须重视抓岩机在井筒中的合理布置。

该机生产率低，一般为 8～12m³/h（松散体积），劳动强度大，机械化程度低。但结构简单，使用方便，投资少，适用于小井、浅井或浅眼掘进中。在大型井中，可配备 3～4 台同时工作，或配合大抓岩机进行清底。

3.4.1.2　HK 型液压靠壁式抓岩机

我国自 60 年代初期开始研制大型抓岩机。现有国产大型抓岩机按斗容有 0.4m³ 和 0.6m³ 两种；按驱动动力分有气动、电动、液压（包括气动液压和电动液压）三种；按机器结构特点和安装方式有靠壁式、环形轨道式和中心回转式三种。

各种抓岩机的技术性能如表 3-19 所示。

下面介绍一种使用较多的靠壁式抓岩机。

靠壁式抓岩机有 HK-4 型和 HK-6 型两种。分别用 10t 和 16t 稳车，由地面单独悬吊。抓岩时，将抓岩机下放到距工作面约 6m 高度处，用锚杆紧固在井壁上，然后将抓斗下放到工作面进行抓岩。抓岩结束后，松开固定装置，将机器提到吊盘下面适当的安全高度，然后进行凿岩爆破或支护工作。

HK 型抓岩机由风动抓斗、提升机构、回转变幅机构、液压系统、风压系统、机架、固定装置及悬吊装置等部件组成，如图 3-20 所示。

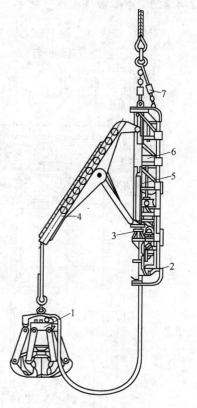

图 3-19　HK 型靠壁式抓岩机
1—抓斗；2—液压系统；3—回转变幅机构；4—提升机构；5—风动提升系统；6—机架；7—悬吊装置

（1）提升机构。由提升机架、升降油缸、滑轮组和储绳筒组成。提升机架由两根 20 号槽钢焊成一个框架。升降油缸用球铰装在提升机架内。提升绳一端固定在提升机架下端的储绳筒上，然后绕过动滑轮和定滑轮，另一端与抓斗连接。油缸活塞运动带动滑轮组运动实现抓斗的提升。抓斗的下落靠本身自重实现。

（2）回转变幅机构。包括回转和变幅两套机构，它的作用是使抓斗在井筒中做圆周运动和径向位移运动，主要由回转立柱、变幅油缸、回转油缸及其导向装置、齿轮，齿条、支座等组成。变幅油缸安装在由两条 18 号槽钢组成的立柱中。当高压油推动回转油缸移动时，镶在缸体上的齿条也随之移动，齿条再推动连于立柱上的齿轮，带动立柱及提升斜架回转，实现抓斗的圆周运动。提升斜架上端的连接座与变幅油缸活塞杆铰接，斜架中间有拉杆相连。当变幅油缸活塞杆伸缩时,提升斜架收拢和张开,实现抓斗的径向运动,从而使抓斗能抓取井筒内任意位置上的矸石。

(3) 操作机构。设于机器下方司机室内,分风动系统和油压系统,配有各种风、油控制阀以及操纵机构。

此种抓岩机具有生产效率高、操作方便、结构紧凑、体积小、机器悬挂不与吊盘发生关系等特点,故不受吊盘升降影响。但为了往井壁固定机器,须事先打好锚杆眼,安装锚杆,还要求井壁围岩坚固,以保证锚杆固定机器牢固可靠。

3.4.1.3 中心回转式抓岩机

NZH-0.5型中心回转式抓岩机的结构如图3-20所示。其工作情况如图3-21所示。抓

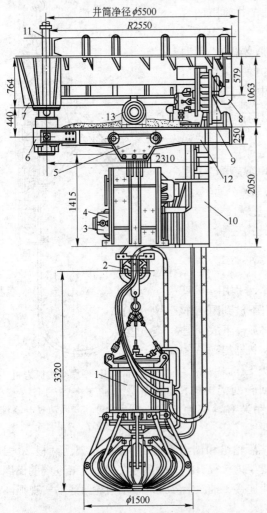

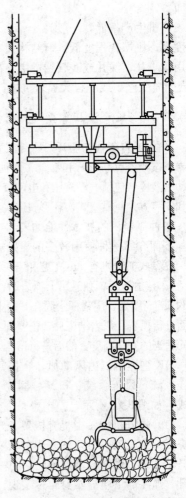

图 3-20 NZH-0.5型中心回转式抓岩机

1—抓斗;2—绳轮;3—提升绞车;4—提升绞车固定架;
5—径向行走小车;6—中心轴;7—中心轴支架;
8—环形轨道;9—环形小车;10—操纵室;11—供风管;
12—横梁;13—径向行走风动绞车

图 3-21 NZH-0.5型抓岩机
工作示意图

岩机以吊盘下层盘为工作盘，在工作盘中心装有一根可回转的中心轴6，工作盘下侧周边装有环形轨道8，横梁12的一端套在中心轴上，另一端通过环形小车9支于环形轨道上。小车9由一台风电动机驱动，沿环形轨道行驶，带动横梁12绕中心轴6回转。横梁上装有径向行走小车5，行走风动绞车13的钢绳绕过横梁两端的滑轮，可牵引小车5沿横梁左右移动。小车5的下面装有提升绞车固定架4，固定架上装有两台风电动机驱动的提升绞车3，两台绞车的钢丝绳绕过绳轮2闭合，绞车用缠绕和放出钢丝绳使抓斗1升降。利用小车9的环形运动和小车5的往复运动，可将抓斗送到不同的抓岩地点。

中心回转抓岩机结构简单，操纵灵活，动力消耗少，生产能力大，适合大断面井筒掘进。但必须依附于吊盘，机动性小，操纵室距井底视野较差，而且吊泵外其余悬吊设备难于通过吊盘的下层盘面。其技术性能如表3-19所示。

为了发挥大型抓岩机的生产能力，除抓岩机本身结构不断改进和完善外，还必须改进掘进中其他工艺使其相适应。例如加大眼深，改善爆破效果，适当加大提升能力和吊桶容积，提高清底效率，及时处理井筒淋水，实现打干井，从而使抓岩机生产率提高。

3.4.1.4 抓岩机工安全操作规程

(1) 作业前，应详细检查抓岩机各部件和悬吊的钢丝绳。

(2) 爆破后，工作面必须经过通风、洒水、处理浮石、清扫井圈和处理盲炮，才准进行抓岩作业。

(3) 不得抓取超过抓岩机能力的大块岩石。

(4) 抓岩机卸岩时，人员不得站在吊桶附近。

(5) 禁止用手从抓岩机叶片下取岩块。

(6) 升降抓岩机，必须有专人指挥。

(7) 抓岩机临时不用时，必须用绞车提升到安全高度，井底有人作业时，严禁只用气缸上举抓岩机。

3.4.2 翻矸方式

岩石经吊桶提到翻矸台上后，需翻卸在溜矸槽内或卸在井口矸石仓内，以便用自卸汽车或矿车运走。

自动翻矸有翻笼式、链球式和座钩式等几种翻矸方式，其中以座钩式使用效果最好。

座钩式自动翻矸装置（图3-22），是由底部带中心圆孔的吊桶1、座钩2、托梁4及支架6等组成。翻矸装置通过支架固定在翻矸门7上。

装满岩石的吊桶提到翻矸台上方后，关上翻矸门，吊桶下落，使钩尖进入桶底中心孔内。钩尖处于提升中心线上，而托梁的转轴中心偏离提升中心线200mm。吊桶借偏心作用开始向前倾倒，直到钩头钩住桶底中心孔边缘钢圈为止。翻矸后，上提吊桶，座钩

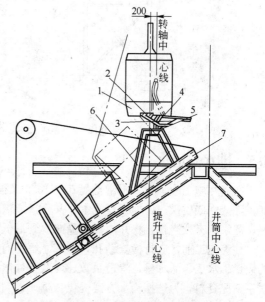

图 3-22 座钩式自动翻矸
1—吊桶；2—座钩；3—轴承；4—托梁；
5—平衡尾架；6—支架；7—翻矸门

自行脱离，并借自重恢复到原来位置。

此种翻矸装置具有结构简单、加工安装容易、翻矸动作可靠、翻矸时间较短等优点，现在已在不少矿井广泛使用。

3.4.3 排矸方式

排矸能力要满足适当大于装岩和提升能力之和的要求，以不影响装岩和提升工作不间断进行为原则。通常用自卸汽车排矸。汽车排矸机动灵活，排矸能力大，可将矸石用来垫平工业广场，或附近山谷、洼地、方便迅速，故为施工现场所采用。

在平原地区建井可设矸石山。井口矸石装入矿车后，运至矸石山卸载；在山区建井，矸石装入矿车，利用自滑坡道线路，将矸石卸入山谷中。

3.4.4 矸石仓

为了调剂井下装矸、提升及地面排矸能力，应设立矸石仓，（图 3-23）；其目的是贮存适当数量的矸石量，以保证即使中间某一环节暂时中断时排矸工作仍照常继续进行。矸石仓容量可按一次爆破矸石量的 1/5～1/10 进行设计，约为 20～30m³。矸石仓设于井架一侧或两侧。为卸矸方便，溜槽口下缘至汽车车箱上缘的净空距为 300～500mm，溜矸口的宽度不小于 2.5～3 倍矸石最大块径，高度不小于矸石最大块径的 1.7～2 倍；溜槽底板坡度不小于 40°。

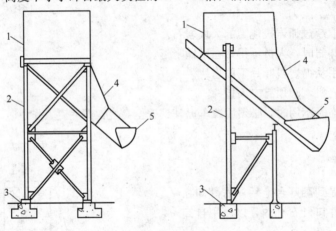

图 3-23　矸石仓
1—仓体；2—立柱；3—基础；4—溜槽；5—溜槽口

3.5　排水与治水

在竖井施工中，地下水常给掘砌工作带来很不利的影响，如恶化作业条件，减慢工程进度，降低井壁质量，增加工程成本，甚至造成淹井事故，拖长整个建井工期。因此，对水的治理，需采取有效措施，将井内涌水量减少到最低限度。

井筒施工前，应打检查钻孔，详细了解井筒所穿过岩层的性质、构造及水文情况，含水层的数量、水压、涌水量、渗透系数、埋藏条件以及断层裂隙、溶洞、采空区和它们与地表水的联系情况资料，为选择治水方案提供依据，做到对地下水心中有数。

对水的治理，可归纳为二类：

一是在凿井前进行处理。设法堵塞涌水通道，减少或隔绝向井内涌水的水源，采取地面预注浆、井外井点降水、井内钻孔泄水等，使工作面疏干。

另一种是在凿井过程中，采用壁后、壁内注浆封水、截水和导水等方法处理井筒淋水，用吊桶或吊泵将井筒淋水和工作面涌水排到地面。

当井筒通过含水丰富的岩层时，上述两种方法有时还需同时兼用。根据我国建井实践表明，井筒涌水量超过 $40m^3/h$ 时，凿井前实行预注浆堵水对井筒施工较为有利。

通过综合治水后，最好使井筒掘进能达到"打干井"的要求，即工作面上所剩的涌水，与装岩同时用吊桶即可排出。达不到上述要求时，也应使井筒内的剩余涌水只用一台吊泵即可排出。

虽然采用综合治水达到"打干井"的要求需要一定的费用和时间，但从总的速度、费用、质量、安全等方面加以比较，还会是有利的。

3.5.1 排水工作

3.5.1.1 吊桶排水

当井筒深度不大且涌水量小时，可用吊桶排水，随同矸石一起提到地面。

吊桶排水能力取决于吊桶容积及每小时吊桶提升次数。吊桶小时排水能力 Q 可按下式计算：

$$Q = nVK_1K_2 \tag{3-4}$$

式中　V——吊桶容积，m^3；

　　　　n——吊桶每小时提升次数；

　　　K_1——吊桶装满系数，$K_1=0.9$；

　　　K_2——松散岩石中的孔隙率，$K_2=0.4\sim0.5$。

吊桶容积及每小时提升次数是有限的，而且随井筒加深，提升次数减少，故吊桶排水能力受限制，一般只限井筒涌水量小于 $8\sim10m^3/h$ 条件下用之。吊桶排水时，需用压气小水泵置于井筒工作面水窝中，将水排至吊桶中提出（图 3-24）。压气小水泵的构造如图 3-25 所示，其技术性能如表 3-20 所示。

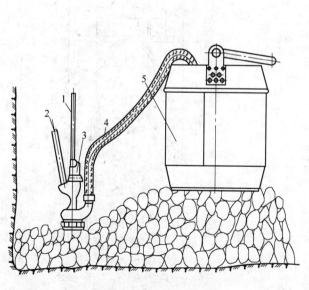

图 3-24　压气泵吊桶排水
1—进气管；2—排气管；3—压气泵；
4—排水软管；5—吊桶

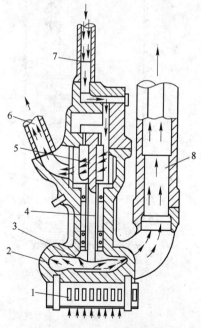

图 3-25　压气泵构造
1—滤水器；2—泵体；3—工作轮；4—主
轴；5—风动机；6—排气管；7—进气管；
8—排水管（排入吊桶或吊盘上水箱中）

表 3-20　压 气 泵 技 术 性 能

型 号	流量 /m³·h⁻¹	扬程 /m	工作风压 /MPa	耗风量 /m³·min⁻¹	进气管内径 /mm	排气管内径 /mm	排水管内径 /mm	重量 /kg
F-15-10	15	10	≥0.4	2.5	16	—	40	15
1-17-70	17	70	≥0.5	4.5	25	50	40	25

3.5.1.2　吊泵排水

当井筒涌水量超过吊桶的排水能力时,需设吊泵排水。吊泵为立式泵,泵体较长,但所占井筒的水平断面积较小,有利于井内设备布置。吊泵在井内的工作状况如图 3-26 所示。

常用吊泵为 NBD 型及 80DGL 型多级离心泵,它由吸水笼头、吸水软管、水泵机体、电动机、框架、滑轮、排水管,闸阀等组成,在井内由双绳悬吊。NBD 型及 80DGL 型吊泵的技术性能如表 3-21 所示。

当井筒排水深度超过一台吊泵的扬程时,需采用接力排水方式。当排水深度超过扬程不大时,可用压气泵将工作面的水排至吊盘上或临时平台的水箱中,再用吊泵或卧泵将水排出地面(图3-27)。当排水深度超过扬程很大时,需在井筒的适当深度上设转水站(腰泵房)或转

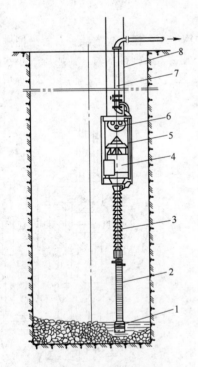

图 3-26　工作面吊泵
排水示意图

1—吸水笼头;2—吸水软管;

3—水泵机体;4—电动机;

5—框架;6—滑轮;7—排水

水管;8—吊泵悬吊绳

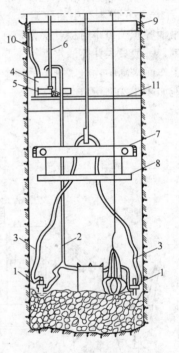

图 3-27　利用压气小水泵
的多段排水系统

1—高压风动小水泵;2—排水管;

3—压风管;4—水箱;5—卧泵;

6—排水管;7—吊盘;8—凿岩环;

9—集水槽;10—导水管;

11—临时平台

表 3-21 国产吊泵技术性能

型　号	排水量 /m³·h⁻¹	扬程 /m	电机功率 /kW	转数 /r·min⁻¹	工作轮级别	外形尺寸/mm			重量 /kg	吸程 /m
						长	宽	高		
NBD30/250	30	250	45	1450	15	990	950	7250	3100	5
NBD50/250	50	250	75	1450	11	1020	950	6940	3000	
NBD50/500	50	500	150	2950		1010	868	6695	2500	5
80DGL50×10	50	500	150	2950	10	840	925	5503	2400	
80DGL50×15	50	750	250	2950	15	890	985	6421	4000	4

水盘，工作面的吊泵将水排至转水站，再由转水站用卧泵排出地表（图 3-28）。如果主、副井相距不远，可以共用一个转水站，即在两井筒间钻一稍为倾斜的钻孔，连通两井，将一个井筒的水通过钻孔流至另一井筒的转水站水仓中，再集中排出地面。

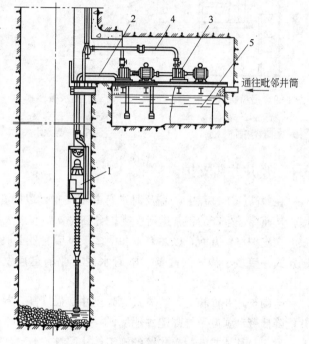

图 3-28　转水站接力排水
1—吊泵；2—吊泵排水管；3—卧泵；
4—卧泵排水管；5—水仓

3.5.2　治水方式

3.5.2.1　截水

为消除淋帮水对井壁质量的影响和对施工条件的恶化，在永久井壁上或永久支护前应采用截水和导水的方法。

井筒掘进时，沿临时支护段的淋水，可采用吊盘折页（图 3-29）或用挡水板（图 3-30）截住，导至井底后排出。

在永久井壁漏水严重的地方应用壁后或壁内注浆予以封闭；剩余的水也要用固定的截水槽将水截住，导入腰泵房或水箱中就地排出地面（图 3-31）。截水槽常设在透水层的下边。在腰泵房上方有淋水时也应设截水槽。

3.5.2.2　钻孔泄水

在开凿井筒时，如果井筒底部已通有巷道可资利用，并已形成了排水系统，此时可在井筒断面内向下打一钻孔，直达井底巷道，将井内涌水泄至底部巷道排出。此法可取消吊泵或转水站设施，简化井内设备布置，改善井内作业条件，加快施工速度，在矿井改建、扩建有条件时应多利用。

泄水钻孔必须保证垂直，钻孔的偏斜值一定要控制在井筒轮廓线以内。其次，要保护钻孔，防止矸石堵塞泄水孔或因泄水孔孔壁坍塌堵孔。为此孔内可下一带筛孔的套管，随工作面的推进，逐段切除套管。放炮前，需用木塞将泄水孔堵住，以免爆破矸石掉入泄水孔将孔堵住。有的矿井使用这一方法，取得了较好的效果。

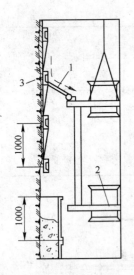

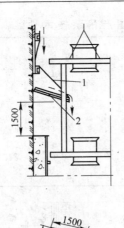

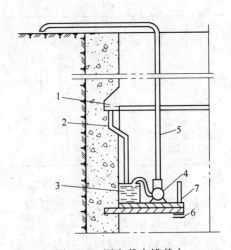

图 3-29　吊盘折页挡水

1—折页；2—吊盘；

3—架圈背板临时支护

图 3-30　挡水板截水

1—铁丝；2—挡水板；

3—木板；4—导水木条

图 3-31　固定截水槽截水

1—混凝土截水槽；2—导水管；3—盛水
小桶；4—卧泵；5—排水管；6—钢梁；

7—月牙形固定盘

3.6　竖井井筒支护

在井筒施工过程中，需及时进行井壁支护，以防止围岩风化，阻止围岩变形、破坏、坍塌，从而保证生产的正常进行。支护分临时支护和永久支护两种，以实现不同的目的。

在支护材料方面，以往料石井壁多于包括混凝土块在内的混凝土井壁。在井壁结构方面，砌筑式井壁多于整体式井壁。随着水泥工业的迅速发展，整体式混凝土井壁得到了广泛的应用。

与砌筑式井壁相比，整体式混凝土井壁强度高，封水性能好，造价低，便于机械化施工，并能降低劳动强度及提高建井速度。

目前，整体式混凝土井壁的施工，从配料、上料、搅拌到混凝土的输送、捣固，基本上实现了机械化。整体式混凝土井壁施工所用的模板，也有了很大的发展。金属模板已普遍代替了木模板，移动式金属模板在竖井施工中的应用日益广泛，液压滑动模板在一些竖井中也得到了应用。

喷射混凝土也被用作竖井的永久支护，其井壁结构和施工工艺均不同于其他类型的井壁，明显的优点是施工简单、速度高，在条件合适的情况下可以采用。

随着竖井永久支护形式及施工工艺的发展，竖井的临时支护也发生了相应的变化，一些新的临时支护形式相继出现。

3.6.1　临时支护

这是当井筒进行施工时，为了保证施工安全，对围岩进行的一种临时防护措施。根据围岩性质、井段高度及涌水量等的不同，临时支护分下列几种型式。

3.6.1.1　锚杆金属网

这种支护是用锚杆来加固围岩，并挂金属网以阻挡岩帮碎块下落。金属网通常由 16 号镀锌铁丝编织而成，用锚杆固定在井壁上。锚杆直径通常为 12～25mm，长度视围岩情况而为 1.5～2.0m，间距为 0.7～1.5m。

锚杆金属网的架设是紧跟掘进工作面，与井筒的打眼工作同时进行的。支护段高一般为 10～30m。

锚杆金属网支护一般适用于 $f > 5$、仅有少量裂隙的岩层条件下，并常与喷射混凝土支护相结合，既是临时支护又是永久支护的一部分。它是一种较轻便的支护形式。

3.6.1.2 喷射混凝土

喷射混凝土做临时支护，其所用机具及施工工艺均与喷射混凝土永久支护相同，唯其喷层厚度稍薄，一般为 50～100mm。它具有封闭围岩、充填裂隙、增加围岩完整性、防止风化的作用。

喷射混凝土临时支护，只有在采用整体式混凝土永久井壁时，其优越性才较明显（便于采用移动式模板或液压滑模实现较大段高的施工，以减少模板的装卸及井壁的接茬）。当永久支护为喷射混凝土井壁时，从施工角度看，宜在同一喷射段高内按设计厚度一次分层喷够，以免以后再用作业盘等设施进行重复喷射。其次，从适应性角度看，采用喷射混凝土永久井壁的井筒，其围岩应该是坚硬、稳定、完整的，开挖后不产生大的位移。

3.6.1.3 挂圈背板

挂圈背板由槽钢井圈、挂钩、背板、立柱和楔子组成（图 3-32），它随着掘进工作面的下掘而自上向下吊挂。

以前，竖井临时支护多使用挂圈背板。这种临时支护对通过表土层及其他不稳定岩层，仍不失为一种行之有效的方式。然而，它存在着严重的缺点。随着掘砌工序的转换，井圈、背板、立柱等需反复装拆、提放，干扰其他工序，材料损耗也大。因此，随着新型临时支护的出现，挂圈背板逐渐被取代。

3.6.1.4 掩护筒

掩护筒是随着井筒掘进工作面的推进而下移的一种刚性或柔性的筒形金属结构。在其保护下，进行井筒的掘砌工作。掩护筒仅起"掩护"作用，而不起支护作用。

国内一些竖井施工中，曾用过各种类型的掩护筒。例如，弓长岭铁矿竖井曾用过刚性和柔性掩护筒；贵州水城老鹰山副井和平顶山矿竖井也使用了柔性掩护筒。在国外掩护筒的应用较多。

老鹰山副井采用平行作业施工，其施工用的掩护筒如图 3-33所示。

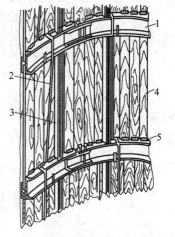

图 3-32　挂圈背板临时支护
1—井圈；2—挂钩；3—立柱；
4—背板；5—木楔

该掩护筒以 100mm×100mm×10mm 的角钢为骨架，角钢间距为 1m。在角钢架外敷设三层柔性网：第一层为直径 2mm 的镀锌钢丝网，网孔为 4mm×4mm，第二层为直径 2mm 的镀锌钢丝网，网孔为 25mm×25mm，第三层为经线直径 9mm、纬线直径 6.2mm 的钢丝绳网，经线兼作悬挂钢绳。

掩护筒外径 6650mm，距井帮 300mm。掩护筒下部距工作面 4m 处扩大成喇叭形，底部与井帮间距为 150mm。掩护筒总高 21.6m，总重 9.9t，用 96 根经线钢丝绳悬挂在吊盘下层盘外

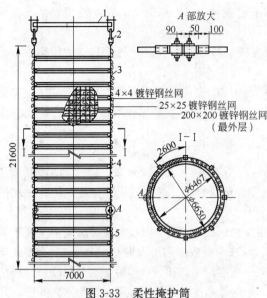

图 3-33　柔性掩护筒

1—悬吊掩护筒的吊盘下盘；2—拉线绝缘子 96 个；

3—ϕ9mm 的钢丝绳；4—100mm×10mm 角钢；

5—12.5mm 钢丝绳

沿的槽钢圈上。吊盘用 25t 稳车回绳悬吊。

各种掩护筒一般用于岩层较为稳定、平行作业的快速建井施工中。

3.6.2　永久支护

3.6.2.1　混凝土支护

混凝土（或称现浇混凝土）与喷射混凝土同为目前竖井支护中两种主要形式。混凝土由于其强度高、整体性强、封水性能好、便于实现机械化施工等优点，故使用相当普遍，尤其在不适合采用喷射混凝土的地层中，常用混凝土作永久支护。混凝土的水灰比应控制在 0.65 以下，所用砂子为粒径 0.15～5mm 的天然砂，所用石子为粒径 30～40mm 的碎石或卵石，并应有良好的颗粒级配。井壁常用的混凝土标号为 150～200 号。混凝土的配合比，可按普通塑性混凝土的配合比设计方法进行设计，或者按有关参考资料选用。

A　混凝土井壁厚度的选择

由于地压计算结果还不够准确，因而井壁厚度计算也只能起参考作用。设计时多按工程类比法的经验数据，并参照计算结果确定壁厚。

在稳定的岩层中，井壁厚度可参照表 3-8 的经验数据选取。

B　混凝土上料、搅拌系统

目前，混凝土的上料、搅拌已实现了机械化（图 3-34），可以满足井下大量使用混凝土的需要。地面设 1～2 台铲运机 1，将砂、石装入漏斗 2 中，然后用胶带机 3 送至储料仓中。在料

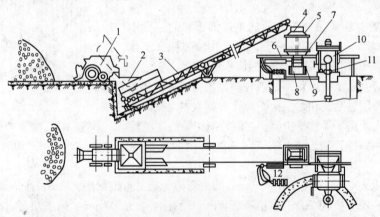

图 3-34　混凝土上料系统

1—气动铲运机（ZYQ-12G）；2—0.9m³ 漏斗；3—胶带机；4—储料仓间隔挡板；5—储料仓；6—工字钢滑轨；7—砂石漏斗闸门；8—底卸式计量器；9—计量器底卸气缸；10—搅拌机；11—输料管漏斗；12—计量器行程气缸

仓内通过可转动的隔板4将砂、石分开，分别导入砂仓或石子仓中。料仓、计量器、搅拌机呈阶梯形布置，料仓下部设有砂、石漏斗闸门7及计量器8。每次计量好的砂、石可直接溜入搅拌机10中。水泥及水在搅拌机处按比例直接加入。搅拌好的混凝土经溜槽溜入溜灰管的漏斗11送至井下使用。此上料系统结构紧凑，上料及时，使用方便。

C　混凝土的下料系统

为使混凝土的浇灌连续进行，目前多采用溜灰管路将在井口搅拌好的混凝土输送到井筒支护工作面。使用溜灰管下料的优点是：工序简单，劳动强度小，能连续浇灌混凝土，可加快施工速度。

溜灰管下料系统如图3-35所示。混凝土经漏斗1、伸缩管2、溜灰管3至缓冲器6，经减速，缓冲后再经活节管进入模板中。浇灌工作均在吊盘上进行。

(1) 漏斗。由薄钢板制成，其断面可为圆形或矩形，下端与伸缩管连接。

(2) 伸缩管（图3-36）。在混凝土浇灌过程中，为避免溜灰管拆卸频繁，可采用伸缩管。

伸缩管的直径一般为125mm，长为5~6m。上端用法兰盘和漏斗连接，法兰盘下用特设在支架座上的管卡卡住，下端插入 ϕ150mm 的溜灰管中。浇灌时随着模板的加高，伸缩管固定不动，溜灰管上提，直到输料管上端快接近漏斗时，才拆下一节溜灰管，使伸缩管下端仍刚好插入下面溜灰管中继续浇灌。为使伸缩管的通过能力不致因管径变小而降低，尚有采用与溜灰管等管径的伸缩管，溜灰管上端加一段直径较大的变径管，接管时拆下变径管即可（图3-37）。

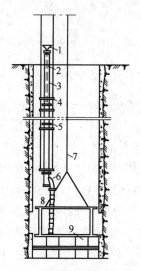

图 3-35　混凝土输送管路

1—漏斗；2—伸缩管；3—溜灰管；

4—管卡；5—悬吊钢丝绳；6—缓冲器；

7—吊盘钢丝绳；8—活节管；

9—金属模板

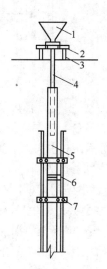

图 3-36　伸缩管

1—漏斗；2—管卡；

3—支架座；4—伸缩管；

5—溜灰管；6—悬吊

钢丝绳；7—管卡

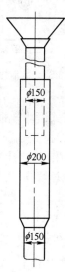

图 3-37　变径管

(3) 溜灰管。一般用 ϕ150mm 的厚壁耐磨钢管，每节管路之间用法兰盘连接。一条 ϕ150mm 的溜灰管，可供3台400L搅拌机使用。所以在一般情况下，只需设一条溜灰管。

(4) 活节管。为了将混凝土送到模板内的任何地点而采用的一种可以自由摆动的柔性管。一般由15~25个锥形短管（图3-38）组成。总长度为8~20m。锥形短管的长度为360~660mm，宜用厚度不小于2mm的薄钢板制成。挂钩的圆钢直径不小于12mm。

(5) 缓冲器。缓冲器用法兰盘连接在溜灰管的下部，借以减缓混凝土的流速和出口时的冲击力，其下端和活节管相连。常用的缓冲器有单叉式（盲肠式）、双叉式和圆筒形几种。

1）单叉式缓冲器，如图 3-39 所示，由 $\phi150$mm 的钢管制成。分岔角（又叫缓冲角，即侧管与直管的夹角）一般取 13°～15°，以 14° 为佳；太大则易堵管，太小则缓冲作用不大。此种缓冲器易磨损。

2）双叉式缓冲器，如图 3-40 所示，中间短段直管（即所谓溢流管）直径与上部直管相同，其长度以能安上堵盘为准，一般取 200mm。混凝土通过时，此段短管全部被混凝土充实，从而减轻了混凝土对转折处的冲击和磨损。

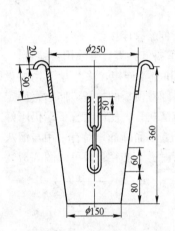

图 3-38　锥形短管

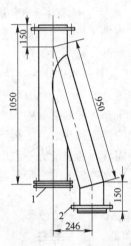

图 3-39　单叉式缓冲器
1—堵盘；2—松套法兰盘

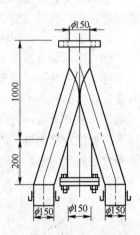

图 3-40　双叉式缓冲器

双叉式缓冲器的优点在于能使溜灰管受力均匀，不易磨损和堵塞，而且混凝土经缓冲器后分成两路对称地流入模板，模板受力均衡，不易变形。

3）圆筒形缓冲器，如图 3-41 所示，其中央为一实心圆柱，承受混凝土的冲击，端部磨损后可以烧焊填补。四片肋板将环形空间等分为四部分。每一扇形大致和 $\phi150$mm 管断面相等。

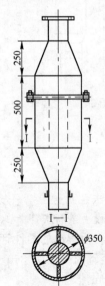

图 3-41　圆筒形缓冲器

这种缓冲器结构简单，不易堵塞、磨损。平顶山八矿东风井井深300 多米，在建井过程中只用一个圆筒形缓冲器，成井后尚未磨损。

溜灰管输送混凝土的深度不受限制。为减速而设置的缓冲器，也无须随井深而增加（用一个即够）。缓冲器的缓冲角可取定值，无须随井深而增大。

D　模板

a　概述

在浇灌混凝土井壁时，必须使用模板。模板的作用是使混凝土按井筒断面成型，并承受新浇混凝土的冲击力和侧压力等。模板从材料上分有木模板、金属模板；从结构形式上分有普通组装模板、整体式移动模板等；从施工工艺上分，有在砌壁全段高内分节立模，分节浇灌的普通模板，一次组装、全段高使用的滑升模板等。木模板重复利用率低，木材消耗量大，使用得不多；金属模板强度大，重复利用率高，故使用广泛。大段高浇灌时多用普通组装模板或滑升模板，短段掘砌时多用整体式移动金属模板。

b 金属模板

(1) 组装式金属模板。这种模板是在地面上先做成小块弧形板，然后送到井下组装。每圈约由 10～16 块组成；块数视井筒净径大小而定，每块高度 1～1.2m。弧长按井筒净周长的 1/8～1/16，以两人能抬起为准。模板用 4～6mm 钢板围成，模板间的连接处和筋板用60mm×60mm×4mm 或 80mm×80mm×5mm 角钢制成，每圈模板和上下圈模板之间均用螺栓连接。为拆模方便，每圈模板内有一块小楔形模板，拆模时先拆这块楔形模板。模板及组装如图 3-42 所示。

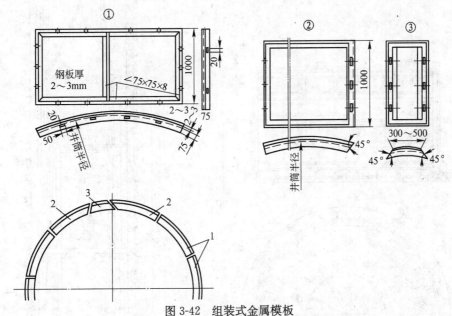

图 3-42 组装式金属模板

1—弧形模板；2—单斜面弧形模板；3—楔形小块弧形模板

组装式金属模板使用时需要反复组装及提放，既笨重，又费时。为了解决这一矛盾，我国自 1965 年起，成功地设计、制造、使用了整体式移动金属模板。它具有明显的优越性：节约钢材，降低施工成本，简化施工工序，提高施工机械化水平，减轻劳动强度，有利于提高速度和工效。如今，它已在各矿山得到推广使用，并在实践中不断改进。

(2) 整体式移动金属模板有多种类型，各有优缺点。下面介绍门轴式移动模板的结构和使用。

整体门轴式移动模板如图 3-43 所示，由上下两节共 12 块弧板组成，每块弧板均由六道槽钢做骨架，其上围以 4mm 厚钢板，各弧板间用螺栓连接。模板分两大扇，用铰链2、8（门轴）连成整体。其中一扇设脱模门，与另一扇模板斜口接合，借助销轴将其锁紧，呈整体圆筒状结构。模板的脱模是通过单斜口活动门1、绕铰链2转动来完成的，故称门轴式。在斜口的对侧与门轴2非对称地布置另一门轴8，以利于脱模收缩。模板下部为高 200mm 的刃脚，用以形成接茬斜面。上部设 250mm×300mm 的浇灌门，共 12 个，均布于模板四周。模板全高 2680mm，有效高度为 2500mm；为便于混凝土浇灌，在模板高 1/2 处设有可拆卸的临时工作平台。模板用 4 根钢丝绳通过 4 个手动葫芦悬挂在双层吊盘的上层盘上。模板与吊盘间距为 21m。它与组装式金属模板的区别在于，每当浇灌完模板全高，经适当养护，待混凝土达到能支承自身重量的强度时，即可打开脱模门，同步松动模板的4根悬吊钢丝绳，依靠自重，整体向下移放。使用一套模板即可由上而下浇灌整个井筒，既简化了模板拆装工序，也节省了钢材。

采用这种模板的施工情况如图 3-44 所示。当井筒掘进 2.5m 后，再放一次炮，留下虚碴整平，人员乘吊桶到上段模板处，取下插销，打开斜口活动门，使模板收缩呈不闭合状。然后，下放吊盘，模板即靠自重下滑至井底。用手拉葫芦调整模板，找平、对中、安装活动脚手架后即可进行浇灌。

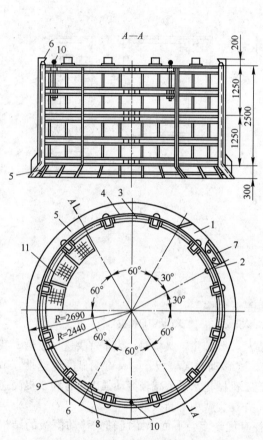

图 3-43　整体门轴式移动模板

1—斜口活动门；2、8—门轴；3—槽钢骨架；4—围板；
5—陂板刀角；6—浇灌门；7—刃角加强筋；9—浇注
孔盒（预留下井段浇灌孔）；10—模板悬吊
装置；11—临时工作台

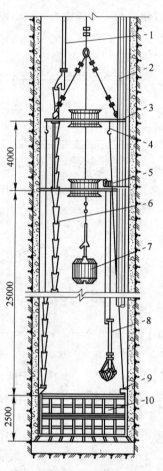

图 3-44　短段掘砌时
混凝土井壁的施工

1—下料管；2—胶皮风管；3—吊盘；4—手拉
葫芦；5—抓岩机风动绞车；6—金属活节
下料管；7—吊桶；8—抓岩机；9—浇灌孔门；
10—整体移动式金属模板

这种模板是直接稳放在掘进工作面的岩碴上浇灌井壁，因此只适用于短段掘砌的施工方法。模板高度应配合掘进循环进尺并考虑浇灌方便而定。

此种模板拆装和调整均较方便，因此应用较多，效果也好。但变形较大，井壁封水性较差。

　　E　混凝土井壁的施工

　　a　立模与浇灌

在整个砌壁过程中，以下部第一段井壁质量（与设计井筒同心程度、壁体垂直度及壁厚）

最为关键，因此立模工作必须给予足够的重视。根据掘砌施工程序的不同，分掘进工作面砌壁和高空砌壁两种。

（1）在掘进工作面砌壁时，先将矸石大致平整并用砂子操平，铺上托盘，立好模板，然后用撑木将模板固定于井帮（图3-45）。立模时要严格对中，边线操平找正，确保井筒设计的规格尺寸。

（2）当采用长段掘砌反向平行作业施工需高空浇灌井壁时，则可在稳绳盘上或砌壁工作盘上安设砌壁底模及模板的承托结构（图3-46），以承担混凝土尚未具有强度时的重量。待具有自支强度后，即可在其上继续浇灌混凝土，直到与上段井壁接茬为止。浇灌和捣固要对称分层连续进行，每层厚为250～300mm。人工捣固时要求混凝土表面要出现薄浆；用振捣器捣固时，振捣器要插入混凝土内50～100mm。

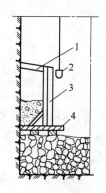

图 3-45　工作面筑壁
立模板示意图
1—撑木；2—测量；
3—模板；4—托盘

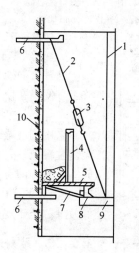

图 3-46　高空浇灌井壁示意图
1—稳绳盘悬吊绳；2—辅助吊挂绳；
3—紧绳器，4—模板；5—托盘；
6—托钩；7—稳绳盘折页；
8—找平用槽钢圈；9—稳绳盘；
10—喷射混凝土临时井壁

b　井壁接茬

下段井壁与上段井壁接茬必须严密，并防止杂物、岩粉等掺入，使上下井壁结合成一整体，无开裂及漏水现象。井壁接茬方法主要有：

（1）全面斜口接茬法（图3-47），适用于上段井壁底部沿井筒全周预留有刃脚状斜口，斜口高为200mm。当下段井壁最后一节模板浇灌至距斜口下端100mm时，插上接茬模板，边插边灌混凝土，边向井壁挤紧，完成接茬工作。

（2）窗口接茬法（图3-48），适用于上段井壁底部沿周长上每隔一定距离（不大于2m）预留有300mm×300mm的接茬窗口。混凝土从此窗口灌入，分别推至窗口两侧捣实，最后用小块木模板封堵即可。也可用混凝土预制块砌严，或以后用砂浆或混凝土抹平。

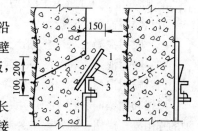

图 3-47　全面斜口接茬法
1—接茬模板；2—木楔；
3—槽钢石旋骨圈

（3）倒角接茬法，如图 3-49 所示。将最后一节模板缩小成圆锥形，在纵剖面看似一倒角。通过倒角和井壁之间的环形空间将混凝土灌入模板，直至全部灌满，并和上段井壁重合一部分形成环形鼓包。脱模后，立即将鼓包刷掉。

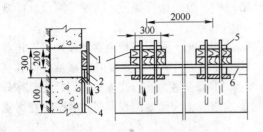

图 3-48　窗口接茬法

1—小模板；2—长 400mm 插销；3—木垫板；
4—模板；5—窗口；6—上段井壁下沿

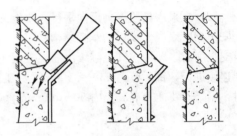

图 3-49　倒角接茬法

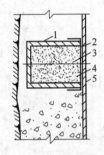

图 3-50　木梁窝

盒及其固定

1—木梁窝盒；2—油
毡纸；3—铁丝；
4—木屑；5—钢模板

这种方法能保证接茬处的混凝土充填饱满，从而保证接茬处的质量，施工方便，在使用移动式金属模板时更为有利，但增加了一道刷掉鼓包的工序。

采用刚性罐道时，可以预留罐道梁梁窝，即在浇灌过程中，在设计的梁窝位置上预埋先埋好梁窝木盒子，盒子尺寸视罐道梁的要求而定。以后井筒安装时，即可拆除梁窝盒子，插入罐道梁，用混凝土浇灌固死（图 3-50）。但有的矿山已推广使用树脂锚杆在井壁上固定罐道梁方法，收到良好效果。至于现凿梁窝，因费工费时，现已使用不多。

3.6.2.2　喷射混凝土支护

近些年来，喷射混凝土永久支护，在竖井工程中得到了较多的应用。采用喷射混凝土井壁，可减少掘进量和混凝土量，简化施工工序，提高成井速度。

喷射混凝土支护虽有着明显的优越性，但因其支护机理等尚有待进一步探讨，故在设计和施工中均存在着一些具体问题。喷射混凝土支护存在着适应性问题，对竖井工程更是如此。金属矿山井筒的围岩一般均较坚硬、稳定，因此，采用喷射混凝土井壁的条件稍好些。

A　喷射混凝土井壁的结构类型、参数及适用范围

a　喷射混凝土井壁结构类型

（1）喷射混凝土支护。

（2）喷射混凝土与锚杆联合支护。

（3）喷射混凝土和锚杆、金属网联合支护。

（4）喷射混凝土加混凝土圈梁。

喷锚和喷锚网联合支护，用在局部围岩破碎、稳定性稍差的地段。混凝土圈梁除起加强支护的作用外，尚用于固定钢梁并起截水作用。圈梁间距一般为 5～12m。

b　喷射混凝土井壁厚度的确定

目前一般均采用类比法，视现场具体条件而定。如地质条件好，岩层稳定，喷射混凝土厚度可取 50～100mm；在马头门处的井壁应适当加厚或加锚杆。如果地质条件稍差，岩层的节

理裂隙发育，但地压不大、岩层较稳定的地段，喷射厚度可取 100～150mm；地质条件较差，风化严重破碎面大的地段，喷射混凝土应加锚杆、金属网或钢筋等，喷射厚度一般为 100～150mm。表 3-22 可作为设计参考。

表 3-22　竖井锚喷支护类型和设计参数

围岩类别	竖井毛径 D/m	
	$D>5$	$5 \leqslant D<7$
I	100mm 厚喷射混凝土，必要时，局部设置长 1.5～2.0m 的锚杆	100mm 厚喷射混凝土，设置长 2.0～2.5m 的锚杆，或 150mm 厚喷射混凝土
II	100～150mm 厚喷射混凝土，设置长 1.5～2.0m 锚杆	100～150mm 厚钢筋网喷射混凝土，设置长 2.0～2.5m 的锚杆，必要时，加设混凝土圈梁
III	150～200mm 钢筋网喷射混凝土，设置长 1.5～2.0m 的锚杆，必要时，加设混凝土圈	150～200mm 厚钢筋喷射混凝土，设置长 2.0～3.0m 的锚杆，必要时，加设混凝土圈梁

注：1. 井壁采用喷锚作初期支护时，支护设计参数应适当减少。

　　2. III类围岩中井筒深度超过 500m 时，支护设计参数应予以增大。

c　竖井喷射混凝土井壁的适用范围

竖井喷射混凝土井壁的适用范围可作如下考虑：

(1) 一般在围岩稳定，节理裂隙不甚发育、岩石坚硬完整的竖井中，可考虑采用喷射混凝土井壁。

(2) 当井筒涌水量较大、淋水严重时，不宜采用喷射混凝土井壁；但局部渗水、滴水或小量集中流水，在采取适当的封、导水措施后，仍可考虑采用喷射混凝土井壁。

(3) 当井筒围岩破碎、节理裂隙发育、稳定性差、f 值小于 5，则不宜采用喷射混凝土井壁；但可采用喷锚或喷锚网做临时支护。

(4) 松软、泥质、膨胀性围岩及含有蛋白石、活性二氧化硅的围岩，均不宜采用喷射混凝土井壁。

(5) 就竖井的用途而论，风井、服务年限短的竖井，可采用喷射混凝土井壁；主井、副井，特别是服务年限长的大型竖井，不宜采用喷射混凝土井壁。

B　喷射混凝土机械化作业线

喷射混凝土工艺流程主要包括计量、搅拌、上料、输料、喷射等几个工序。机械化作业线的配套及其布置，也是根据工艺流程，结合工程对象、地形条件，以及所用机械设备的性能、数量而做出的。图 3-51 所示为平地的机械化作业线设备的布置方法；图 3-52 所示为某矿新大

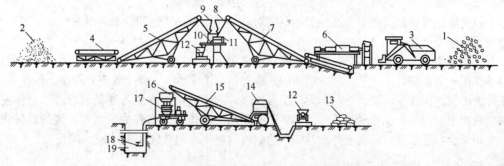

图 3-51　喷射混凝土机械化作业线设备布置

1—碎石堆；2—砂堆；3—碎石铲运机；4、5—胶带输送机（运砂子）；6—石子筛洗机；7—胶带输送机（运石子）；8—碎石仓；9—砂仓；10—砂石混合仓；11—计量秤；12—侧卸矿车；13—水泥；14—搅拌机；15—胶带输送机（运混凝土拌和料）；16—混凝土储料罐；17—喷射机；18—喷枪；19—井筒

井采用的喷射混凝土机械化作业线实例，它较好地利用了当地地形，节省了部分输送设备。

上述两条作业线的机械化程度均较高，能满足两台喷枪同时作业。

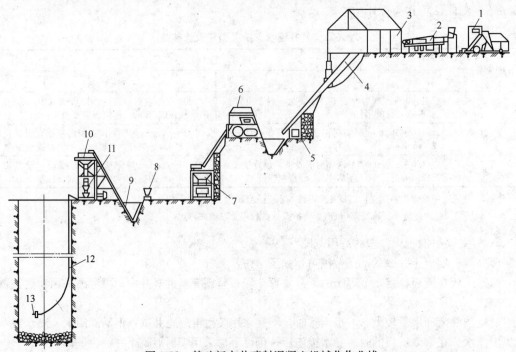

图 3-52　某矿新大井喷射混凝土机械化作业线

1—铲运机；2—石子筛洗机；3—砂石料棚；4—砂石漏槽；5—水泥平板车；6—振动筛；7—小料仓；
8—0.55m³ 矿车；9—提升斗车；10—贮料仓；11—喷射机；12—输料管；13—喷头

C　喷射混凝土作业方式

(1) 长段掘喷单行作业。所取段高一般为 10～30m。混凝土喷射作业在段高范围内自下而上在操作盘上进行。当设计有混凝土圈梁时，可在井底岩堆上浇灌，也可采用高空打混凝土壁圈的方法施工。这种作业方式，在喷射混凝土用于竖井前期使用较多。

(2) 短段掘喷作业。所采取的段高一般在 2m 左右，掘喷的转换视炮眼的深度、装岩能力的不同，可采用"一掘一喷"或"二掘一喷"。桥头河二井采用每小班完成"一掘一喷"成井 1.6m 的组织方式；某矿新副井使用大容积抓岩机及环形凿岩钻架等机械化配备设备，采用两小班完成"一掘一喷"的组织方式，平均循环进尺达 2.18m。

为减少爆破对喷射混凝土井壁的影响，喷射前井底应留一茬炮的松碴，喷射作业一般于每次爆破后在碴堆上进行。

这种作业方式的主要优点是：充分发挥喷射混凝土支护的作用，能及时封闭围岩，使围岩起自承作用；节省喷射作业盘，减少喷前的准备工作，工序单一，便于管理；管路、吊盘等可随工作面的掘进而逐步加长、下落，无需反复拆装、起落；喷射作业可和抓岩准备平行作业；省去喷后集中清理吊盘及井底的工序。某矿竖井采用这种作业方式和地面搅拌系统的机械化、自动化相结合，曾使喷射混凝土井壁的施工达到较高速度，创月成井 174.82m 的纪录。

3.7　掘砌循环与劳动组织

影响竖井快速施工的重要因素，一是技术性的，如采用新技术、新设备、新工艺、新方法等；二是实行科学的施工组织与管理，如编制合理的循环图表，确保正规循环作业以及严密的劳动组织等。

3.7.1 掘砌循环

3.7.1.1 掘进循环作业

在掘进过程中，以凿岩装岩为主体的各工序，在规定时间内，按一定顺序周而复始地完成规定工作量，称为掘进循环作业。

同样，在筑壁过程中，以立拆模板、浇灌混凝土为主要工序，周而复始地进行的称为砌壁循环作业。如果采用短掘短喷（砌），则喷（砌）混凝土工序一般都包括在一个掘喷（砌）循环之内，则称为掘喷（砌）循环作业。

组织循环作业的目的，是把各工种在一个循环中所担负的工作量和时间、先后顺序以及相互衔接的关系，周密地用图表形式固定下来，使所有施工人员心中有数，一环扣一环地进行操作，并在实践中调整，改进施工方法与劳动组织，充分利用工时，将每个循环所耗用的时间压缩到最小限度，从而提高井筒施工速度。

3.7.1.2 正规循环作业

在规定的循环时间内，完成各工序所规定的工作量，取得预期的进度，称为正规循环作业。

正规循环率越高，则施工越正常，进度越快。抓好正规循环作业，是实现持续快速施工和保证安全的重要方法。

3.7.1.3 月循环率

一个月中实际完成的循环数与计划的循环数之比值，称为月循环率。一般月循环率为80%～85%，施工组织管理得好的可达90%以上。

循环作业一般以循环图表的形式表示出来。竖井施工中，有"三八"制、"四六"制两种。在每昼夜中，完成一个循环的称单循环作业，完成两个以上循环的称多循环作业。每昼夜的循环次数，应是工作小班的整倍数，即以小班为基础来组织循环，如一个班、二个班、三个班、四个班（一昼夜）组织一个循环。

每个循环的时间和进度，是由岩石性质，涌水量大小、技术装备、作业方式和施工方法、工人技术水平、劳动组织形式以及各工序的工作量等因素来决定。

3.7.1.4 编制循环图表的方法和步骤

(1) 根据建井计划要求和矿井具体条件，确定月进度。

(2) 根据所选定的井筒作业方式，确定每月用于掘进的天数。平行作业时，掘进天数约占掘砌总时间的60%～80%；采用平行作业或短段单行作业时，每月掘进天数为30d。

(3) 根据月进度要求，确定炮眼深度。

(4) 根据施工设备配备、机械效率和工人技术水平，确定每循环中各工序的时间。

3.7.2 劳动组织

竖井施工中的劳动组织形式主要有两种，一种是综合组织，另一种是专业组织，其中都包括有掘进工、砌壁工、机电工、辅助工，以及技术、组织管理干部等。

竖井工作面狭小，工序多而又密切联系，循环时间也固定。如何调动各工种的最大积极性，统一指挥，统一行动，互相配合，彼此支援，使之在规定时间内完成各项任务，是个非常复杂的任务。

3.7.2.1　综合掘进队

综合掘进队是一种好的组织形式，它便于发挥一专多能，可灵活调配劳动力，能更好地实行多工序平行交叉作业，使工时得到充分利用，工作效率不断提高。但是由于各工序所需人数不同，有的差异很大，如果组织不当，易造成劳动力使用上的不合理。一般此种组织形式在具有轻型装备的井筒中使用是比较适宜的。

3.7.2.2　专业掘进队

近些年来，井筒施工中已推广使用各种类型的大抓斗抓岩机、环形及伞形钻架，以及混凝土喷射机等。这些设备要求有较高的操作技术水平，若要一名工人同时兼会这几类设备的操作会有困难，因此，常按专业内容分成凿岩组、装岩组、锚喷组等。这种组织形式专业单一，分工明确，任务具体，有利于提高作业人员的操作技术水平和劳动生产率，有利于加快施工速度，缩短循环时间；还可按专业工种设备，配备合理的劳动人员，可使操作技术特长的发挥和工时利用都比较好。但这种组织形式在各工种工作量和工作时间上存在不平衡现象，如果不能保证按循环时间进行工作，某些工序拖延时间过长，会给施工组织带来不少困难。因此，在施工机械化水平较高的井筒，如能保证正规循环作业，采用专业组织形式还是比较合适的。但是施工人员应尽最大可能向一专多能、全面发展方向前进。

劳动组织中各工种工人数量，取决于井筒断面大小、工作量多少、施工方法和工人技术水平等多种因素。各矿井具体条件不一，所配备人员数量也不一致，表3-23所示为几个井筒劳动力配备情况。

表3-23　几个竖井井筒施工所需劳动力配备情况

竖井类别	净径/m	井深/m	施工方法	最高月成井/m	劳动力配备/人				直接工人数合计
					凿岩	装岩	清底	喷混凝土	
铜山新大井	5.5	313	一掘一喷		36	22	22	24	104
凤凰山新副井	5.5	610	一掘一喷	115.25	40	18	24	30	112
凡口新副井	5.5	591	一掘一喷	120.1	39	23		24	86
邯邢万年风井	5.5	231.2	一掘一喷	92	16	14	20	29	79

3.8　凿井设备

竖井施工时，需提升大量的矸石、升降人员、材料、设备，这些任务要用吊桶提升来完成。此外，还需要在井筒中布置和悬吊其他辅助设备，如吊盘、安全梯、吊泵，各种管路和电缆等。为此，必须选用相应的悬吊设备，以满足施工需要。

竖井提升设备包括提升容器、提升钢丝绳、提升机及提升天轮等。悬吊设备包括凿井绞车（又称稳车）、钢丝绳及悬吊天轮等。

在竖井施工准备工作中，合理地选择提升和悬吊设备是一项很重要的工作，选择得合理与否将影响施工速度及经济效果。本节重点讨论提升设备及悬吊设备的选择。

3.8.1 提升方式

提升方式有：

(1) 一套单钩提升。

(2) 一套双钩提升。

(3) 两套单钩提升。

(4) 一套单钩和一套双钩提升。

影响选择提升方式的因素甚多，其中主要的是井筒断面、井筒深度、施工作业方式，设备供应等。

我国建井中，采用单行作业时，大多使用一套单钩提升；采用平行作业时，有时使用一套双钩，或一套单钩为掘进服务，一套单钩为砌壁服务；只有当井径很大，井筒很深时，才采用三套提升设备。

当井筒转入平巷施工后，在主、副两井中需有一个井筒改为临时罐笼提升，以满足平巷施工出矸、上下材料设备及人员需要，此时需用一套双钩提升。为此，在选择凿井提升方式时，还应考虑此种需要。

3.8.2 竖井提升设备

3.8.2.1 吊桶及其附属装置

A 吊桶

按用途分矸石吊桶和材料吊桶两种。矸石吊桶主要用于提升矸石、上下人员、物料；材料吊桶分底卸式或翻转式，主要用于向井下运送砌壁材料，如混凝土、灰浆等。两种吊桶已标准化、系列化，如表 3-24 所示，其外形如图 3-53 所示。

为了充分发挥抓岩机的生产能力，必须使提升一次的循环时间 T_1 小于或等于装满一桶岩石的时间 T_2，即

$$T_1 \leqslant T_2 \qquad (3-5)$$

有的甚至达 $7.0 \sim 8.0 \mathrm{m}^3$。

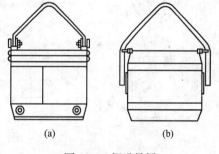

图 3-53 掘进吊桶
(a) 矸石吊桶；(b) 材料吊桶

表 3-24 吊桶主要技术特征

吊桶形式		吊桶容积/m³	桶体外径/mm	桶口直径/mm	桶体高度/mm	全高/mm	质量/kg
挂钩式	TGG—1.0	1.0	1150	1000	1150	2005	348
	TGG—1.5	1.5	1280	1150	1280	2270	478
	TGG—2.0	2.0	1450	1320	1300	2430	601
座钩式	TZG—2.0	2.0	1450	1320	1350	2480	728
	TZG—3.0	3.0	1650	1450	1650	2890	1049
	TZG—4.0	4.0	1850	1630	1700	3080	1530
	TZG—5.0	5.0	1850	1630	2100	3480	1690
底卸式	TDX—1.2	1.2	1450	1320	1485	2757	815
	TDX—1.6	1.6	1450	1320	1730	3004	882
	TDX—2.0	2.0	1650	1450	1965	3200	1066

B　吊桶附属装置

吊桶附属装置包括钩头及连接装置、滑架，缓冲器等。

(1) 钩头。位于提升钢丝绳的下端，用来吊挂吊桶。钩头应有足够的强度，摘挂钩应方便，其连接装置中应设缓转器，以减轻吊桶在运行中的旋转。其构造如图 3-54 所示。

(2) 滑架。位于吊桶上方，当吊桶沿稳绳运行时用以防止其摆动。滑架上设保护伞，防止落物伤人，以保护乘桶人员安全。滑架的构造如图 3-55 所示。

(3) 缓冲器。位于提升绳连接装置上端和稳绳的下端两处，是为了缓冲钢丝绳连接装置与滑架之间，滑架与稳绳下端之间的冲击力量而设的。缓冲器构造如图 3-56 所示。

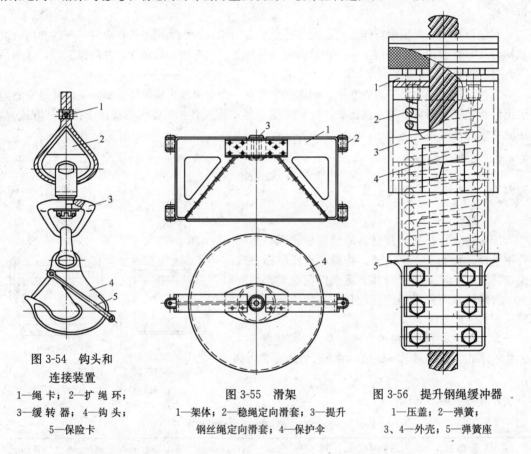

图 3-54　钩头和
连接装置

1—绳卡；2—扩绳环；
3—缓转器；4—钩头；
5—保险卡

图 3-55　滑架

1—架体；2—稳绳定向滑套；3—提升
钢丝绳定向滑套；4—保护伞

图 3-56　提升钢丝绳缓冲器

1—压盖；2—弹簧；
3、4—外壳；5—弹簧座

3.8.2.2　钢丝绳的选择

(1) 提升钢丝绳。对此种钢丝绳要求强度大，耐冲击。最好选用多层股不旋转钢丝绳，通常选用 6×19 或 6×37 交互捻钢丝绳。

(2) 悬吊凿井设备用的钢丝绳。要求强度大，但对耐磨无很高要求，可选用 6×19 或 6×37 交互捻钢丝绳。但双绳悬吊时应选左捻和右捻各一条。单绳悬吊，最好选用多层股不旋转钢丝绳。

(3) 稳绳。除受一定拉力外，对耐磨要求高，可选用 6×7 同向捻或密封股钢丝绳。

选好钢丝绳类型后，随即要选钢丝绳直径。其方法是先根据所悬吊重物的荷载和安全规程规定的钢丝绳安全系数，算出每米钢丝绳的重量，然后根据此重量在钢丝绳规格表中查出其直径和技术特征。

3.8.2.3 提升机

建井用的提升机，除少数利用永久提升机外，一般多为临时提升机，井建成后可搬至他处建井继续使用。所以对临时提升机要求是：机器尺寸不能太大，装、拆、运输均较方便，一般不带地下室，可减少基建工程量及基建投资。

多年来，建井一直使用 JK 系列提升机。该提升机是按生产矿井技术参数设计的，作为建井临时提升尚不完善。为了满足建井的要求，已研制出 2JKZ-3.0/15.5（双筒 3.0m）和 JKZ-2.8/15.5（卷筒 2.8m）新型专用凿井提升机，其技术性能如表 3-25 所示。这两种提升机安装、运输、拆卸方便，适于凿井工作频繁迁移要求，同时，机器操作方便，调绳快，使用安全可靠。

表 3-25　凿井专用提升机技术性能

提升机型号	2JKZ-3.6/13.4	2JKZ-3.0/15.5	JKZ-2.8/15.5
滚筒数量×直径×宽度/个×mm×mm	2×3600×1850	2×3000×1800	1×2800×2200
钢丝绳最大净张力/kN	200	170	150
钢丝绳最大净张力差/kN	180	140	
钢丝绳最大直径/mm	46	40	40
最大提升高度/m	1000	1000	1230
钢丝绳的速度/m·s⁻¹	7.00	4.68，5.88	4.54，5.48
电动机最大功率/kW	2×800	800，1000	1000
两滚筒中心距/mm	1986	1936	
滚筒中心高/mm	1000	1000	1000

选择建井用的提升机，不但要考虑凿井时的需要，还要考虑到巷道开拓期间有无改装成临时罐笼提升的需要。若有此必要，需选用双卷筒提升机。因使用临时罐笼时，一般都是双钩提升，需要双卷筒提升机。如果凿井期间只需单卷筒提升机即可满足要求时，则双卷筒提升机在凿井期间可作单卷筒提升机之用。

确定了提升机的类型后，接着就要确定提升机的卷筒直径与宽度。

(1) 卷筒直径。为了避免钢丝绳在卷筒上缠绕时产生过大的弯曲应力，卷筒直径与钢丝绳直径之间应有一定的比值。即凿井提升机的卷筒直径 D_s 不应小于钢丝绳直径 d_k 的 60 倍，或不应小于绳内钢丝最大直径 δ 的 900 倍，即

$$D_s \geqslant 60d_k \tag{3-6}$$

或

$$D_s \geqslant 900\delta \tag{3-7}$$

从上两式中取一个较大值，然后到提升机产品目录中选用标准卷筒的提升机。所选的标准直径应等于或稍大于计算值。

(2) 卷筒宽度。卷筒直径确定后，根据所选定的提升机，卷筒的宽度也就确定了，但还要验算一下宽度是否满足提升要求，即当井筒凿到最终深度后，所需提升钢丝绳全长是否都能缠绕得下。缠绕在卷筒上的钢丝绳全长，由以下几部分组成：

1) 长度等于提升高度 H 的钢丝绳。

2) 供试验用的钢丝绳，长度一般为 30m。

3) 为减轻钢丝绳与卷筒固定处的张力，卷筒上应留三圈绳。

4) 在多绳缠绕时，为避免钢丝绳由下层转到上层而受折损，每 1 季度应将钢丝绳移动约 1/4 绳圈的位置，根据钢丝绳使用年限而增加的错绳圈数 m 可取 2～4 圈。

由此可知，提升机应有的卷筒宽度为：

$$B = \left(\frac{H+30}{\pi D_s} + 3 + m\right)(d_k + \varepsilon) \tag{3-8}$$

式中　　d_k——钢丝绳直径，mm；

　　　　ε——绳圈间距，取 2～3mm；

　　　　D_s——所选标准提升机卷筒直径，mm。

若计算值 B 小于或等于所选标准提升机的卷筒宽度 B_a，则所选提升机合格；若 $B>B_a$，可考虑钢丝绳在卷筒上作多层缠绕，缠绕的层数 n 为

$$n = \frac{B}{B_a} \tag{3-9}$$

建井期间，升降人员或物料的提升机，按规定准许缠绕两层；深度超过 400m 时，准许缠绕三层。

此外，还需验算提升机强度和对提升机功率的估算。如果提升机卷筒直径、宽度、强度、电机功率等方面都满足要求，那么，所选提升机就是合适的。

3.8.2.4　提升天轮

提升天轮按材质分为铸铁和铸钢两种。铸钢天轮强度大，适于悬吊较重的提升容器。选择提升天轮时应考虑直径与提升机卷筒直径等值。提升天轮的外形如图 3-57 所示。

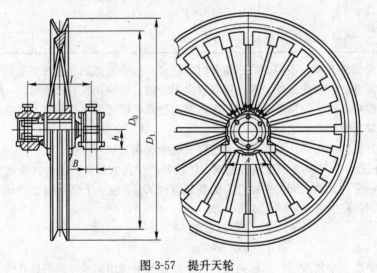

图 3-57　提升天轮

3.8.3　竖井悬吊设备

3.8.3.1　稳车

稳车（凿井绞车）是用来悬吊吊盘、稳绳、吊泵、各种管路及电缆等用的，其提升速度较慢，故又称为慢速凿井绞车。稳车分单筒和双筒两种。

稳车主要根据所悬吊设备的重量和悬吊方法来选定。一般单绳悬吊用单卷筒稳车，双绳悬吊用一台双卷筒稳车；如无条件亦可用两台单卷筒稳车。稳车的能力是根据钢丝绳的最大静张力来标定的，因此所选用的稳车最大静张力应大于或等于钢丝绳悬吊的终端荷重与钢丝绳自重之和。选用的稳车卷筒容绳量应大于或等于稳车的悬吊深度。

3.8.3.2　悬吊天轮

按结构可分为单槽天轮和双槽天轮。单绳悬吊（稳绳，安全梯等）用单槽天轮，双绳悬吊采用双槽天轮或两个单槽天轮。若悬吊的两根钢丝绳距离较近，如吊泵、压风管、混凝土输送管等，可用双槽天轮；而吊盘的两根悬吊钢丝绳间距较大，只能用两个单槽天轮。选择时应考虑悬吊天轮直径与卷筒直径相同。悬吊天轮的外形如图 3-58 所示。

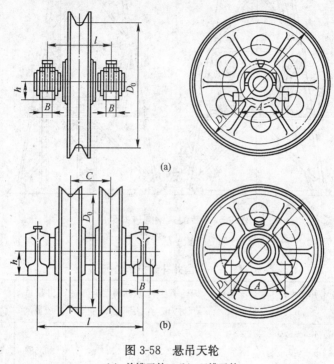

图 3-58　悬吊天轮
(a) 单槽天轮；(b) 双槽天轮

3.8.4　建井结构物

为了满足竖井井筒施工的需要，必须设置掘进井架、封口盘、固定盘等一系列建井结构物。下面分别介绍其作用及结构特点，以便选择和布置吊盘和稳绳盘。

3.8.4.1　凿井井架

凿井井架亦称掘进井架，主要是供矿山开凿竖井井筒时提升矸石、运送人员和材料以及悬吊掘进设备用的。因此，它是建井工程设施中重要的结构物之一。

目前，国内在矿山竖井掘进中，由于井架上悬吊设备较多，通常要求四面出绳，因此大多数都采用装配帐篷式钢管掘进井架。这种钢井架主要由天轮房、天轮平台、主体架、基础和扶梯等部分组成，其概貌如图 3-59 所示。

这种井架形式的优点是：井架在四个方向上具有相同的稳定性；井架的结构是装配式的，可重复使用；天轮平台可四面出绳，悬吊天轮布置灵活；每个构件重量不大，便于安装、拆卸和运输；防火性能好；井架坚固耐用，应用范围广，大、中、小型矿井都可采用。

装配式钢掘进井架有Ⅰ、Ⅱ、Ⅲ、Ⅳ型及新Ⅳ型、Ⅴ型井架，其适用条件及主要技术特征如表 3-26 所示。可以根据不同的井深、井径、悬吊设备的规格和数量参照表选用。

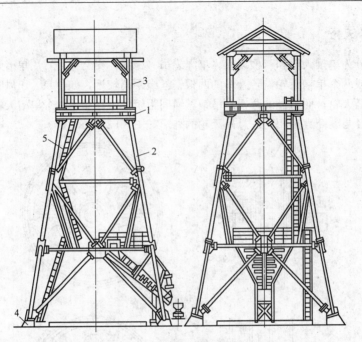

图 3-59　装配式钢掘进井架图

1—天轮平台；2—主体架；3—天轮房；4—基础；5—扶梯

表 3-26　凿井井架技术特征

井架型号	井筒深度 /m	井筒直径 /m	主体架角柱 跨距/m	天轮平台 尺寸/m	基础顶面距第一 层平台高度/m	井架总 质量/t	悬吊总荷重/kN	
							工作时	断绳时
Ⅰ	200	4.5~6.0	10×10	5.5×5.5	5.0	25.649	666.4	901.6
Ⅱ	400	5.0~6.5	12×12	6.0×6.0	5.8	30.584	1127.0	1470.0
Ⅲ	600	5.5~7.0	12×12	6.5×6.5	5.9	32.284	1577.8	1960.0
Ⅳ	800	6.0~8.0	14×14	7.0×7.0	6.6	48.215	2793.0	3469.2
新Ⅳ	800	6.0~8.0	16×16	7.25×7.25	10.4	83.020	3243.8	3978.8
Ⅴ	1000	6.5~8.0	16×16	7.5×7.5	10.3	98.000	4184.6	10456.6

3.8.4.2　施工用盘

在竖井施工时，特别是在井筒掘砌阶段，由于井下施工的特殊要求和施工条件的限制，必须在井口地面和井筒内设置某些施工用盘，以保证施工的顺利进行。这些施工用盘包括封口盘、固定盘、吊盘和稳绳盘。

(1) 封口盘。封口盘也叫井盖，是防止从井口向下掉落工具杂物，保护井口上下工作人员安全的结构物，同时又可作为升降人员，上下物料、设备和装拆管路、电缆的工作台。

封口盘外形一般呈正方形，其大小应能封盖全部井口。封口盘一般采用钢木混合结构，它是由梁架、盘面、井盖门及管线通过孔的盖板组成，如图 3-60 所示。封口盘的梁架孔格及各项凿井设施（包括吊桶及管路）通过孔口的位置，必须与井上下凿井设备布置相对应。

(2) 固定盘。设置在井筒内而邻近井口的第二个工作平台，一般位于封口盘下 4~8m 处。固定盘主要用来保护井下安全施工，同时还用来作为设置测量仪器，进行测量及管路装拆工作的工作台。固定盘的结构与封口盘相类似，但无井盖门，而设置喇叭口。由于固定盘承受荷载

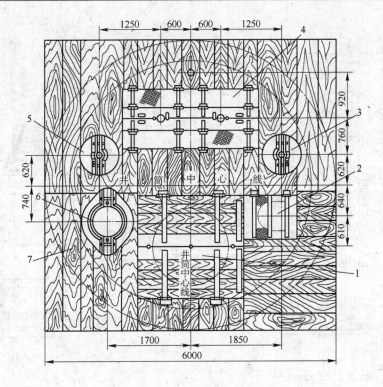

图 3-60 封口盘

1—井盖门；2—安全梯门；3—混凝土输送管盖门；4—吊泵门；
5—压风管盖门；6—风筒盖门；7—盖板

较小，因此梁和盘面板材的规格均较封口盘为小。

有些矿井将井口各项工作经过妥善安排后，取消了固定盘，从而节省了人力、物力，亦减少了它对井内吊桶提升的影响。

(3) 吊盘。吊盘是竖井施工时井内的重要结构物，是用钢丝绳悬吊在井筒内，主要用作砌筑井壁工作盘，在单行作业时可兼作稳绳盘，用于设置与悬吊掘进设备，拉紧稳绳，保护工作面施工安全，还可作为安装罐梁的工作盘。

吊盘呈圆形，有单层，双层及多层之分，其层数取决于井筒施工工艺和安全施工的需要。如工艺无特殊要求，一般采用双层吊盘。

吊盘的结构多采用钢结构或钢木结构，如图 3-61 所示，由上层盘、下层盘和中间立柱组成。双层吊盘的上层盘与下层盘之间用立柱连接成为一个整体。上下层之间的距离，要满足砌壁工艺的要求，与永久罐道梁的层间距相适应，一般为 4~6m。

上下盘均由梁格、盘面铺板、吊桶通过的喇叭口、管道通孔口和扇形折页等组成。上下盘的盘面布置和梁格布置，必须与井筒断面布置相适应。所留孔口的大小，必须符合安全规程和矿山井巷工程施工及验收规范的规定。

吊桶通过的喇叭口，多采用钢板围成的喇叭状，其高度一般在盘面以上为 1~1.2m，盘面以下为 0.5m。其他管道的通过口也可采用喇叭口，其高度不应小于 0.2m。吊泵、安全梯、测量孔口等应用盖门封闭。

各层盘周围设有扇形折页，用来遮挡吊盘与井壁之间的空隙，防止向下坠物。吊盘起落时，应将折页翻置盘面。折页数量根据直径而定，一般采用 24~28 块，折页宽度一般为 200~500mm。

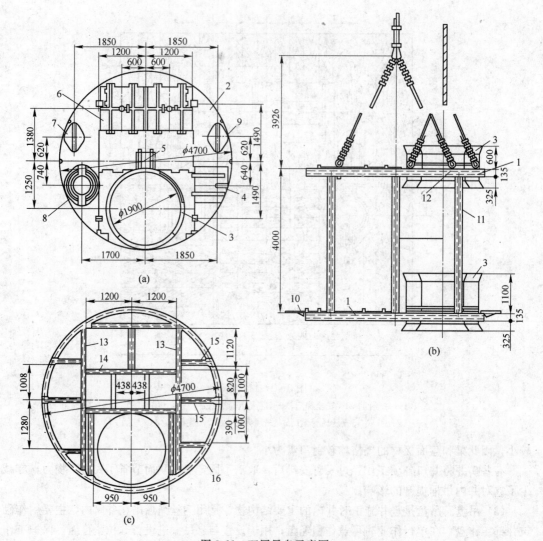

图 3-61　双层吊盘示意图

（a）双层吊盘盘面；（b）双层吊盘立面；（c）吊盘盘架钢梁结构

1—盘架钢结构；2—盘面；3—吊桶喇叭口；4—安全梯盖门；5—中心测锤孔盖门；6—吊泵门；

7—压风管盖板；8—风筒盖板；9—混凝土输送管盖板；10—活页；11—立柱；12—悬吊装置；

13—主梁；14—承载副梁；15—构造副梁；16—圈梁

上下盘还应设置可伸缩的固定插销或液压千斤顶。当吊盘每次起落到所需位置时，这些装置用来撑紧在井帮上稳住吊盘，以防止吊盘摆动。撑紧装置的数量不应小于 4 个，应均匀地布置在吊盘四周。

连接上下层盘的立柱，一般用钢管或槽钢。立柱的数量根据下层盘的荷载和吊盘结构的整体刚度而定，一般采用 4～6 根，其布置力求受力合理匀称。

吊盘的悬吊方式，一般采用双绳双叉悬吊。这种悬吊方式，要求两根悬吊钢丝绳分别通过护绳环与两组分叉绳相连接。每组分叉绳的两端与上层盘的两个吊卡相连接，因此上层盘需要设置 4 个吊卡。两根悬吊钢丝绳的上端将绕过天轮而固定在稳车上。由于吊盘采用双绳悬吊，两台稳车必须同步运转，方能保证吊盘起落时盘面不斜。

吊盘上除连接悬吊钢丝绳外，根据提升需要，还必须装设稳绳（掘砌单行作业时）。每个提升吊桶需设两根稳绳，它们应与提升钢丝绳处在同一垂直平面内，并与吊桶的卸矸方向相垂直。稳绳用作吊桶提升的导向，保证吊桶运行时的平稳。

（4）稳绳盘。当竖井采用掘砌平行作业时，在吊盘之下，掘进工作面上方，还应专设一个稳绳盘，用于拉紧稳绳，设置与悬吊掘进设备，保护工作面施工安全。

稳绳盘的结构和吊盘相似，比吊盘简单，为一单层盘。

3.9　竖井井筒延深

3.9.1　概述

一般金属矿山为多水平开采，特别是急倾斜矿床更是如此。竖井通常不是一次掘进到底即掘进到最终开采深度，而是先掘到上部某一水平，进行采区准备，并达到投产标准后，矿山即可投产使用。在上水平开采的后期，就要延深原有井筒，及时准备出新的生产水平，以保证矿井持续均衡生产。这种向下延长正在生产井筒的工作，叫作井筒延深。

3.9.2　竖井延深的注意问题

（1）必须切实保障井筒工作面上工人的安全，即设保护岩柱。在延深井筒时，生产段和延深段之间，都必须有保护措施，即或万一上面发生提升容器坠落或其他落物时，仍能确保下段延深工作人员的安全。

保护设施有两种型式：

1）自然岩柱。即在延深井段与生产井段之间留有 6～10m 高的保护岩柱。岩柱的岩石应是坚硬、不透水，无节理裂缝等。保护岩柱可以只占井筒部分断面，如图 3-62a 所示，也可以全断面预留（图 3-62b）。前者适用于利用延深间或梯子间由上向下延深井筒时，后者适用于由下向上延深井筒及利用辅助水平延深井筒时。

为增强岩柱的稳定性，在紧贴岩柱的下方应安设护顶盘。护顶盘由两端插入井壁的数根钢托梁和密背木板构成。

2）人工构筑的水平保护盘。水平保护盘由盘梁、隔水层和缓冲层构成（图 3-63）。盘梁承受保护盘的自重和坠落物的冲击力。盘梁由型钢构成，两端插入井壁200mm，钢梁之上铺设木梁、钢板、混凝土、黏土等作隔水层，防止水及淤泥等流入延深工作面。

缓冲层是用纵横交错的木垛、柴束和锯末组成，其作用在于吸收坠落物的部分冲击能量，减缓作用于盘梁上的冲击力。泄水管直径 50～75mm，上端穿过隔水层，下端设有阀门。

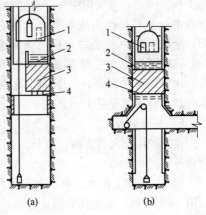

图 3-62　保护岩柱
（a）部分断面岩柱；（b）全断面岩柱
1—生产水平；2—井底水窝；
3—保护岩柱；4—护顶盘

不论保护岩柱或人工保护盘，均必须承担得起满载的提升容器万一从井口坠落下来时的冲击力，以确保延深工作面工人的安全。

（2）尽量减少延深工作对矿井生产的干扰。

（3）由于井下和地面没有足够的空间用来布置掘进设备，必须掘进一些专用的巷道和硐室，但此种工程量应当减至最低的限度。

（4）由于井筒内和井筒附近地下的空间特别窄小，使用的掘进设备体积要小，效率要高。

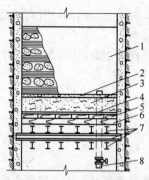

图 3-63　水平保护盘

1—缓冲层；2—混凝土隔水层；
3—黄泥隔水层；4—钢板；5—
木板；6—方木；7—工字钢梁；
8—泄水管

（5）要保证延深井筒的中心垂线与生产井筒的中心垂线相吻合，或者误差在允许的规定范围内。为此，必须加强延深井筒的施工测量工作。

3.9.3　常用竖井延深方案

3.9.3.1　自下而上小断面反掘，随后刷大井筒

A　利用反井自下而上延深

这种延深方案在金属矿山使用最为广泛，其施工程序如图 3-64 所示。在需要延深的井筒附近，先下掘一条井筒 1（称为先行井）到新的水平。自该井掘进联络道 2 通到延深井筒的下部，再掘联络道 3，留出保护岩柱 4，做好延深的准备工作。在井筒范围内自下而上掘进小断面的反井 5，用以贯通上下联络道，为通风、行人和供料创造有利条件。反井掘进的方法，依据条件有吊罐法、爬罐法、深孔爆破法、钻进法和普通法。然后刷大反井至设计断面，砌筑永久井壁，进行井筒安装，最后清除保护岩柱，在此段井筒完成砌壁和安装，井筒延深即告结束。

a　先行井选择

采用这种方法的必要条件是必须有一条先行井下掘到新的水平。为了减少临时工程量，这条先行井应当尽可能地利用永久工程。例如，当采用中央一对竖井开拓时，可先自上向下延深其中一个井筒作为先行井，利用它自下向上延深另一个井筒。金属矿的中央竖井常是一条混合井，其附近通常有溜矿井。这时可以先向下延深溜矿井并在其中安装施工用的提升设备，用它作为先行井，自下而上延深混合井。某矿混合井延深，就是利用离竖井 12m 的溜矿井作为先行井的。

b　井筒刷大

按照井筒刷大的方向，可分为自下向上刷大和自上向下刷大两种情况：

（1）自下向上刷大。自下向上刷大与浅眼留矿法颇为相似，如图 3-64 所示。在反井 5 掘成以后，即可自下向上刷大井筒。为此，在井筒的底部拉底，留出底柱，扩出井筒反掘的开凿空间，安好漏斗 6。向上打垂直眼，爆下的岩石一部分从漏斗 6 放出，装入矿车 7，用临时罐笼 8 提到生产水平。其余的岩石暂时留在井筒内，便于在碴面上进行凿岩爆破工作，同时存留的岩碴还可维护井帮的稳定。人员、材料、设备的升降用吊桶 9 来完成。待整个井筒刷大到辅助水平 3 后，逐步放出井筒内的岩石，同时砌筑永久井壁。

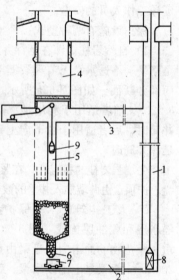

图 3-64　先上掘天井然后
上行刷延深方法示意图

1—盲井；2、3—联络道；4—保护
岩柱；5—反井；6—漏斗；7—矿
车；8—临时罐笼；9—吊桶

此种井筒刷大方法的优点是：井筒不用临时支护，下溜矸石很方便，用上向式凿岩机打眼；速度快而省力。缺点是工人在顶板下作业，当岩石不十分坚固完整时，不够安全；每遍炮后，要平整场地，费时费力；井筒刷大前，要做出临时底柱；凿岩工作不能与出碴装车平行作业等。

（2）自上向下刷大。自上向下刷大，如图 3-65 所示。开始刷大时，先自辅助水平向下刷砌

4～5m井筒，安设封口盘，然后继续向下刷大井筒。刷大过程中
爆破下来的岩石，均由反井下溜到新水平4，用装岩机装车运走。
刷大后的井帮，由于暴露的面积较大，需用临时支护，如用锚杆、
喷射混凝土或挂圈背板等维护。为了防止刷大工作面上工人和工
具坠入反井，反井口上应加一个安全格筛2。放炮前将格筛提起，
放炮后再盖上。刷大井筒和砌壁工作常用短段掘砌方式，砌壁同
刷大交替进行。

此种井筒刷大方法能使井筒刷大的凿岩工作与井筒下部的装
岩工作同时进行，这样可加快井筒的施工速度，缩短井筒工期。

　c　拆除保护岩柱

延深井筒装备结束，井筒与井底车场连接处掘砌完成后，即
可拆除保护岩柱（或人工保护盘），贯通井筒。此时为了保证掘进
工人的安全，井内生产提升必须停止。因此事先要做好充分准备，
制定严密的措施，确保安全而又如期地完成此项工作。

　（1）拆除岩柱的准备工作：

　1）清理井底水窝的积水淤泥。可以从生产水平用小吊桶或矿
车清理，也可通过岩柱向下打钻孔泄水、排泥。

　2）在生产水平以下1～1.5m处搭设临时保护盘，在辅助延深
水平处设封口盘。

　3）拆除岩柱下提升间的天轮托梁及其他设施。

　（2）拆除岩柱的方法。分普通法和深孔爆破法两种。如果所留
岩柱很厚，也可考虑使用吊罐法小井掘透然后刷砌。

　1）普通法。利用延深间或梯子间延深时，可利用原有的延深通道自上向下进行刷砌，如
图3-66所示。当使用其他延深方法掘除全断面岩柱时，应先打钻孔或以不大于$4m^2$的小断面
反井，从下向上与大井凿通，然后再按井筒设计断面自上向下刷砌，如图3-67所示。

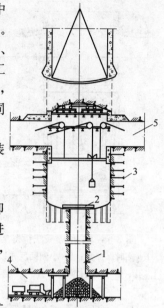

图 3-65　先上掘小井然后下行
刷大的延深方法示意图

1—天井；2—安全格筛；3—钢
丝绳砂浆锚杆；4—下部新水平；
5—上部辅助水平

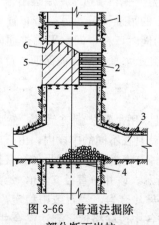

图 3-66　普通法掘除
部分断面岩柱

1—临时保护盘；2—延深通道；
3—延深辅助水平；4—封口盘；
5—部分断面岩柱；6—炮眼

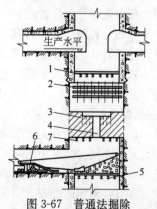

图 3-67　普通法掘除
全断面岩柱

1—临时保护盘；2—临时井圈；
3—掘岩柱的台阶工作面；
4—小断面反井；5—封口盘；
6—耙斗机；7—护顶盘

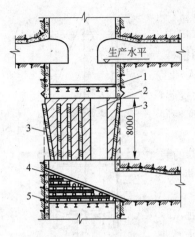

图 3-68　深孔爆破法拆除岩柱
1—临时保护盘；2—小断面反井；3—深
孔；4—倾斜木垛溜矸台；5—封口盘

2）深孔爆破法。先在岩柱中打钻孔，确定岩柱的实际厚度，泄除井底积水。在岩柱中反掘小断面天井，形成爆破补偿空间。然后自下向上按井筒全断面打深孔，爆破后碴石由辅助延深水平装车外运，（图3-68）。

这种施工方法可免除繁重的体力劳动，无须事先清理井底，井内生产停产时间较短，因打深孔和装岩的大部分时间，生产仍可照常进行，且深孔爆破崩岩速度较快。

利用反井自下向上延深的优点较多。如碴石靠自重下溜装车，因而省去了竖井延深中最费时费力的装岩和提升工作；整个延深过程中无需排水；采用一般的设备即可获得较高的延深速度；延深成本低。因此，凡岩层稳定，没有瓦斯，涌水不大，有可利用的先行井时，均可使用这种延深方式。其不足之处是，准备时间较长，必须首先掘进先行井和联络道通至延深井筒的下部；如果先行井断面小，用人工装岩，小吊桶提升，则掘进速度往往受到限制。

B　自下向上多中段延深

金属矿山尤其是中、小型有色金属矿山，通常为多中段开采，由几个中段形成一个集中出矿系统。所以竖井每延深一次需要一次延深几个中段，准备出一个新的出矿系统。例如，红透山铜矿、河北铜矿的混合井都是一次下延三个中段，共180m。在此情况下，如果各中段依次延深，采用通常的施工方法，势必拖长施工工期。为了加快井筒延深速度，在条件许可时，应组织多中段延深平行作业。此种平行作业包括两个内容：一是先行井下掘和各中段联络道掘进平行作业；二是竖井延深时采用反掘多中段平行作业。

a　先行井下掘和联络道掘进平行作业

要确保两者平行作业的关键，是解决先行井和联络道两个工作面同时出碴的问题。图3-69所示为某铜矿第三系统延深时，先行井（盲副井）下掘和联络道平行作业的情况。在先行井下掘过程中，采用两段提升系统。一段用吊桶将先行井下掘的岩石提升至上一联络道水平，经溜槽卸入矿车，再由先行井内设置的另一套临时罐笼，提升至上一联络道水平后运出。因此，需将先行井井筒断面分为两个格间，其中一个布置有 0.5m³ 的吊桶提升，另一个布置有双层临时罐笼，罐笼内可装 0.7m³ 的固定矿车。在下掘盲副井的同时，在中间水平掘进通向延深井底的联络道，掘进的岩石装入矿车，也直接由临时罐笼提到上水平。这样就保证了盲副井与联络道的掘进作业同时进行。

b　竖井反掘多中段平行作业

竖井采用反井延深的程序是：钻凿挂吊罐的中心大孔，用吊罐法掘进反井，然后反井刷大，刷大后的井筒砌壁等。多中段同时延深井筒的实质，就是在不同的中段内，由下向上按上述顺序各进行一项延深程序，以达到各中段平行作业，缩短井筒施工工期的目的。某铜矿混合井第二系统延深时，采用此种方式的施工情况如图3-70所示。该井净直径5.5m，延深前井深220m，竖井一次需延深四个中段共217m。井筒穿过黑云母片麻岩，岩石致密稳定，无涌水。利用混合井旁一条溜矿井作为先行井下掘，同时依次掘进各中段联络道，到达混合井井底后，即可组织竖井反掘多中段平行作业。由图3-70可见，第Ⅰ中段集中出碴，喷射混凝土井壁，第Ⅱ中段自下向上刷大井筒；第Ⅲ中段用吊罐法掘进天井；第Ⅳ中段钻进挂吊罐的中心大孔。

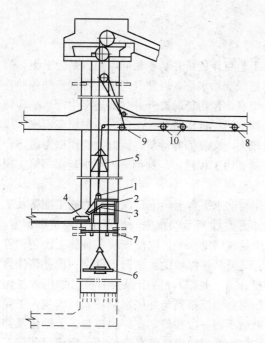

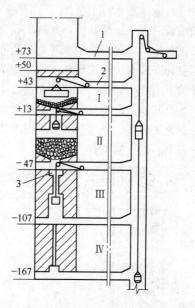

图 3-69　某铜矿盲副井两段提升系统出矸图

1—吊桶；2—翻矸台；3—漏斗；4—矿车；5—双层
罐笼；6—掘进吊盘；7—罐底棚；8—22kW 单筒
提升机；9—1t 手动稳车；10—8t 稳车

图 3-70　某铜矿混合井延深多中段平行施工

1—生产水平；2—延深辅助水平联络道；3—预掘
2m 天井段；Ⅰ、Ⅱ、Ⅲ、Ⅳ—各延深中段

　　在每一段井筒准备反掘和进行反井刷大时，都要照顾到上下邻近中段的施工进度，搞好工序的衔接和配合。现以第Ⅱ中段为例来说明。首先，在井筒中心用吊罐法掘进断面为 2m×2m 的天井；待与第Ⅰ中段贯通后，在第Ⅱ中段下部水平巷道顶板以上 2.5～3.0m 处，进行井筒拉底，留出临时底柱，再扩出井筒反掘的开凿空间。在天井下端安设漏斗，以便放矸装车外运。为了防止第Ⅲ中段的天井贯通爆破时崩坏漏斗，在安漏斗以前，先在天井预计贯通的地方，按其规格下掘 2m。第Ⅲ中段打上来的吊罐孔，用钢管引出，使其高出中段联络道底板标高 200mm。钢管同岩石接触处采用封闭防水措施，以免大孔漏水，妨碍第Ⅲ中段天井掘进。预先下掘的 2m 天井，用矸石填平，将来贯通爆破时，可起缓冲作用，使漏斗不致崩坏。

　　井筒反掘前，要在天井中配设 0.5m³ 的吊桶提升，用以升降人员和材料。提升绞车就利用吊罐的慢速绞车，它布置在第Ⅰ中段联络道内。井筒反掘用的风水管、爆破、信号和照明电缆，均由第Ⅰ中段敷设。

　　正常情况下，当第Ⅱ中段的井筒刷大完成之时，第Ⅰ中段井筒业已放完岩石，砌好井壁。这时，可拆除第Ⅰ中段的漏斗，反掘该中段的临时底柱。此后，第Ⅱ中段即可投入集中出矸，砌筑井壁。如果第Ⅱ中段井筒反掘上来，而第Ⅰ中段的岩石尚未放完，则第Ⅱ中段应留 3～4m 厚的临时顶柱，暂停反掘，保护第Ⅰ中段平巷，待其出完岩石、拆除漏斗后，再继续反掘临时顶柱和底柱。

　　由上可见，多中段延深平行作业，能加快井筒延深速度，缩短总的施工期限。但组织工作复杂，通风困难，测量精度要求高。

3.9.3.2　自上向下井筒全断面延深

A　利用辅助水平自上向下井筒全断面延深

利用辅助水平延深井筒，其施工设备、施工工艺与开凿新井基本相同，差别是为了不影响矿井的正常生产，在原生产水平之下需布置一个延深辅助水平，以便开凿为延深服务的各种巷道、硐室和安装有关施工设备。所掘砌的巷道和硐室，包括辅助提升井（如连接生产水平和辅助水平的下山或小竖井）及其绞车房、上部和下部车场、延深凿井绞车房、各种稳车硐室、风道、料场及其他机电设备硐室。这些辅助工程量较大，又属临时性质，因此，要周密考虑，合理地布置施工设备，以尽量减少临时巷道及硐室的开凿工程量，是利用辅助水平延深井筒实现快速、安全、低耗的关键。

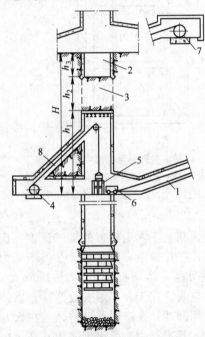

图 3-71　利用辅助水平延深井筒

1—辅助下山；2—井底水窝；3—保护岩柱；
4—延深用提升机；5—卸矸台；6—矿车；
7—下山出矸提升机；8—提升绳道

利用辅助水平自上向下延深井筒的施工准备及工艺过程如图 3-71 所示。预先开掘下山、巷道和硐室，形成一个延深辅助水平，以便安装各种施工设备和管线工程，还要从延深辅助水平向上反掘一段井筒作为延深的提升间（井帽），留出保护岩柱。如用人工保护盘，则将井筒反掘到与井底水窝贯通后构筑人工保护盘。随后下掘一段井筒，安好封口盘、天轮台及卸矸台，安装凿井提绞设备及各种管线，完成后即可开始井筒延深。当井筒掘砌、安装完后，再拆除保护岩柱或人工保护盘。最后做好此段井筒的砌壁和安装工作。

这种延深方法在煤矿使用得很广泛。它的适应性强，对围岩稳定性较差或有瓦斯或涌水较大的条件都可使用；延深工作形成自己的独立系统，对矿井的正常生产影响较小；井筒的整个断面可用来布置凿井设备，可使用容积较大的吊桶提升矸石，延深速度可以提高。其缺点是临时井巷工程量大，延深准备时间长，成本较高，矸石多段提升，需用设备多。

B　利用延深间或梯子间自上向下延深井筒

此种延深方法的特点是利用井筒原有的延深间和梯子间，用来布置和吊挂延深施工用设备，从而使井筒延深工作在不影响矿井正常生产的情况下得以独立地顺利地进行。

a　提升机和卸矸台均布置在地面

采用这种布置方式（图 3-72），其优点是延深提矸和下料均从地面独立地进行，管理工作集中，井下开凿的临时工程量减到最少，可利用一套提升设备先后延深几个水平。其缺点是随延深深度的增加，吊桶提升能力降低，会影响延深速度，特别是深井延深时；不能利用地面永久井架作延深用，需另行安设临时井架；工程比较复杂，如要利用梯子间延深时，梯子间的改装工程量大。其适用条件是地面及井口生产系统改装工程量不大，便可布置延深施工设备和堆放材料，且不影响矿井生产，但提升高度不应大于 300～500m。

b　提升机和卸矸台都布置在井下生产水平

此种布置的优点是提升高度小，吊桶提升时间短，梯子间改装工程量小。缺点是井下临时掘砌工程量较大，延深工作独立性小，提升出矿、下料等都受矿井生产环节的影响。其适用条件是，井筒延深深度大于 300～500m，且地面缺少布置延深设备场地。

提升机和卸矿台都布置在井下的井筒延深施工程序如图 3-73 所示。延深前在生产水平要开凿各种为延深服务的巷道和硐室，安装延深提绞设备，将生产水平以上 7～20m 的梯子间拆除，改装成为吊桶提升间，其中设天轮台和天轮台上方设斜挡板以资保护。排除井底水窝内的积水，清除杂物，构筑临时水窝，开凿延深通道。待延深通道掘完后，开始沿井筒全断面下掘6～8m，砌筑此段井壁，架设保护岩柱底部钢梁，在钢梁下 4～6m 处安设固定盘以布置小型提绞设备。在生产水平设封口盘和卸矿台。这些准备工作完成后，即可开始延深工作，达到延深深度后即拆除岩柱，方法同前。

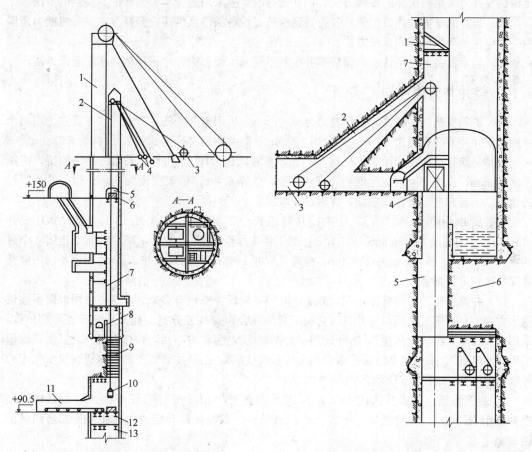

图 3-72　某矿主井延深示意图

1—永久井架；2—掘进木井架；3—延深提升绞车；
4—稳绳稳车；5—第一生产水平通道；6—安全门；
7—隔板；8—隔墙；9—延深孔架；10—吊桶；
11—稳车硐室；12—封口盘；13—固定盘

图 3-73　利用延深间或梯子间延深井筒示意图

1—斜挡板；2—绳道；3—绞车硐室；4—卸矿台；
5—延深通道；6—保护岩柱；7—原梯子间

利用延深间和梯子间延深井筒，虽具有延深辅助工程量少、准备工期短、施工总投资少等优点。但此方案在金属矿山很少使用，而且只限于利用梯子间的一种形式。其原因是现有井筒设计一般不预留延深间，梯子间断面小，只能容纳小于 0.4m³ 的小吊桶，提升能力小，井筒延深速度慢。

　　由于井筒延深是在矿井进行正常生产的情况下进行的，所以施工条件差，施工技术管理工作比较复杂。选择延深方案时，必须经过仔细的方案比较，才能选出在技术上和经济上都是最优的方案。

3.9.4　竖井延深方案的选择

　　由于井筒延深方法较多，影响因素也较复杂，选取时应根据生产条件、地质因素和施工设备等具体情况综合考虑，在保证技术合理可行的基础上进行多方案比较，选出最优方案。

　　根据施工经验，有以下几条选择要点：

　　(1) 当具有通往延深新水平井筒位置的条件时，应优先考虑自下而上的延深方法。此方法延深的反井可采用掘天井的各种方法，但在选择时，应采用适合本矿实际的、高效的方法。

　　(2) 当井筒断面和井口位置具备布置延深施工设备条件且延深提升高度在提升机能力范围内时，应优先采用延深间延深方法。

　　(3) 当不具备上述条件或为保证矿井生产不受或少受影响，才采用辅助水平延深方法。

3.10　竖井井筒快速施工实例

　　(1) 工程概况。某矿设计生产能力为 90 万 t/a，采用竖井开拓，工业广场布置主、副两个井筒。主井井筒净直径为 6.0m，井深为 829.6m；副井井筒直径为 6.5m，井深为 850.3m。

　　副井井筒穿过的第四系表土层厚 56.7m，基岩风化带厚 80.65m。采用冻结法施工，冻结深度为 95m，冻结段采用双层钢筋混凝土井壁，壁厚 0.8m，施工深度为 89m。副井井筒穿过的地层以基岩为主，岩性较坚硬，有多层含水层。

　　某矿副井井筒自 1997 年 7 月 3 日井筒正式开工至 1998 年 2 月 18 日，7.5 个月成井 816.0m，平均月成井 108.8m。其中，自 1997 年 9 月至 1998 年 2 月，基岩段施工连续 6 个月共成井 713.6m，平均月成井 118.9m，最高月成井 146m，最高日成井 7.2m，创当年国内竖井井筒快速施工新纪录。

　　(2) 井筒施工方案和机械化配套施工。井筒基岩段考虑到有多个含水层，采用地面预注浆治水方法。井筒施工采用与竖井机械化相配套的混合作业施工方案。提升系统布置两套单钩，采用"大绞车"配"大吊桶"，出矸选用"大抓岩机"，两台中心回转式抓岩机同时抓岩，砌壁采用"大模板"，采用"伞钻深孔凿岩和光面爆破技术"。副井井筒施工断面布置和机械化配套分别如图 3-74 和图 3-75 所示。

　　1) 提升系统。主提升选用 JKZ-2.8/15.5 型凿井专用绞车，配备 4.0m³ 矸石吊桶；副提升选用 JKZ-2.5/20 型绞车，配 2.5m³ 矸石吊桶，以确保提升能力，增强施工安全和灵活性。

　　2) 伞钻凿岩、深孔光爆。凿岩选用 FJD—9A 型伞钻，配 YGZ—70 型高频凿岩机，用 4.5m 长钎杆，经对导轨改进后打眼深度可达 4.2m，打眼速度比传统方法提高 3 倍以上。爆破选用 T220 型高威力水胶炸药、百毫秒延期电雷管，采用深孔光面爆破技术，并根据工作面岩石软硬程度及时调整爆破参数，爆破效率达 90%。基岩段炮眼布置如图 3-76 所示。

　　3) 多台抓岩机快速出矸。井筒施工时，采用井壁固定新工艺，将凿井压风管、供水管、风筒等全部布置在井壁上，合理利用井筒内的有效空间。在三层吊盘下层盘采取对称背靠背形式布置两台中心回转式抓岩机，实行分区抓岩。当井底矸石厚、进行大量排矸时，以 0.6m³ 抓斗为主，负责向 4.0m³ 吊桶装矸；而以 0.4m³ 抓斗为辅，负责向 2.5m³ 吊桶装矸。当排矸收尾清底时，以 0.4m³ 抓斗为主抓取。两台中心回转抓岩机同时装岩，使抓岩速度提高近一

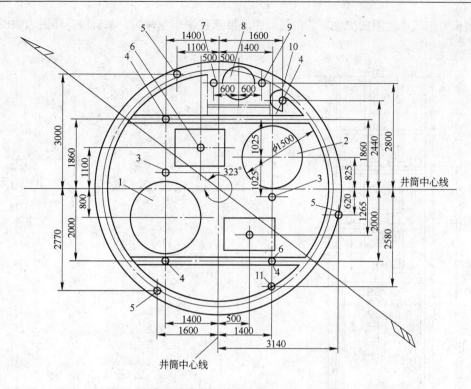

图 3-74 某矿副井井筒施工井内设备平面布置图

1—主提吊桶（4m³）；2—副提吊桶（2.5m³）；3—稳绳；4—吊盘绳；5—模板绳；6—中心
回转式抓岩机；7—供水管；8—风筒；9—压风管；10—安全梯；11—放炮电缆

倍，每循环出矸时间可缩短 4h，劳动强度降低 30% 以上，同时提高了清底质量，为后续工作创造良好条件。

4）大模板高效砌壁。砌壁利用 MJY 型整体金属移动模板，有效高度为 3.6m。混凝土由地面两台 JQ-1000 型强制式搅拌机提供，由大型皮带机上料，由电磁式自动计量和 DX-2 型底卸式吊桶下料。

5）凿井绞车集中控制。井筒施工采用 13 台凿井绞车，采取集中控制技术，既可提高吊盘、模板等起落速度，又可大大增强平稳程度和安全性。

6）落地矸石仓连续排矸。翻矸系统设坐钩式翻矸装置，采用落地式矸石仓，井筒每循环矸石集中排放于地面矸石仓，待井筒砌壁、凿岩时用 ZL-40 型装载机，配合 8t 自卸汽车连续排矸。

上述机械化配套方案，充分利用了井筒断面有效空间，使井筒内各种施工设备和设施互不干扰，形成了一条从打眼、排矸、砌壁到辅助工序紧密相连的机械化作业生产线，充分协调各生产环节之间的矛盾，为实现竖井井筒施工月成井连续 6 个月超过百米打下了基础。

（3）劳动组织管理。某矿副井井筒施工严格按照工程项目管理要求，成立了项目部，制定了一整套切实可行的施工方案和制度，在施工生产的各个环节开展了科学质量管理活动。

1）劳动组织。某矿副井井筒施工项目部下设经营管理组、工程技术组、物资设备组和生活保障组，管理和服务人员共 23 人，施工人员共 110 人。基岩段采用混合作业法，将作业人员按打眼放炮、出矸找平、立模砌壁、出矸清底四道工序实行滚班制作业，改变按工时交接班为按工序之间的交接班，按循环图表要求控制作业时间。基岩段循环图表如图3-77所示。

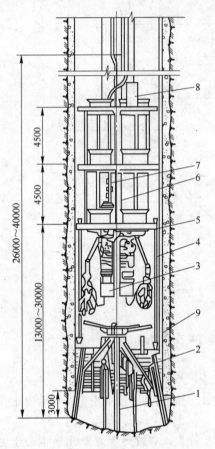

图 3-75　某矿副井井筒施工设备布置

1—伞钻；2—金属活动模板；3—中心回转式
抓岩机；4—混凝土下料管；5—三层吊盘；
6—风筒；7—分风器；8—供水水箱；
9—模板悬吊绳

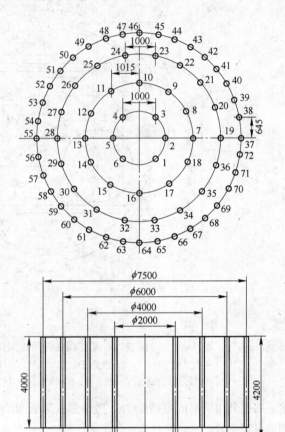

图 3-76　某矿副井井筒基岩段炮眼布置图

2）工序衔接紧凑，增加平行作业时间。根据快速施工经验，将滚班制四大作业交接均放在迎头完成，从而大大缩短了各工序之间的交接时间，为竖井快速施工争分夺秒。同时利用各工序特点穿插进行一些工作，如在钻眼时穿插提升吊挂系统的维修保养；抓岩机的维修保养安排在出矸清底后的下钻、支钻时间进行等。

3）奖罚措施得力。在加强职工思想教育的同时，制定相关奖罚措施，使劳动成果与经济收入直接挂钩，大大提高了职工生产积极性，使循环作业时间由规定的24h缩短到18h左右，最短一个循环的时间仅有15h。

4）质量管理严格。井筒施工中，物资设备组对工程所用材料进行严格检查；技术组专人负责立模，严格控制立模质量，严格掌握混凝土的配合比和水灰比，按规定要求每10m做一组混凝土试块。砌壁混凝土井下用振动棒加强振捣，冬季施工用热水拌制混凝土，确保入模温度不低于20℃。

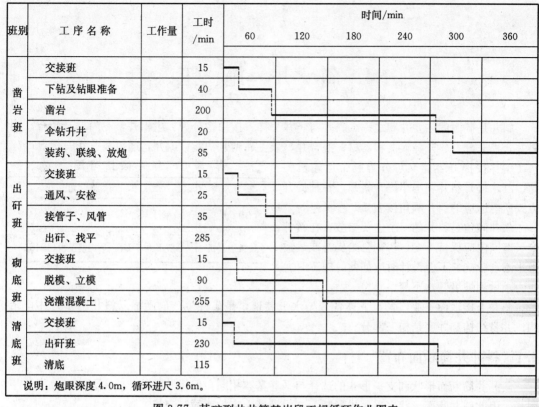

班别	工序名称	工作量	工时/min	时间/min					
				60　　　120	180	240	300	360	
凿岩班	交接班		15						
	下钻及钻眼准备		40						
	凿岩		200						
	伞钻升井		20						
	装药、联线、放炮		85						
出矸班	交接班		15						
	通风、安检		25						
	接管子、风管		35						
	出矸、找平		285						
砌底班	交接班		15						
	脱模、立模		90						
	浇灌混凝土		255						
清底班	交接班		15						
	出矸班		230						
	清底		115						

说明：炮眼深度 4.0m，循环进尺 3.6m。

图 3-77 某矿副井井筒基岩段正规循环作业图表

复习思考题

3-1　竖井井筒装备有哪些？

3-2　如何确定竖井净断面尺寸？

3-3　竖井施工方案有哪些，简述其施工过程。

3-4　竖井凿岩机具有哪些？

3-5　如何选择竖井爆破参数？

3-6　如何编制爆破图表？

3-7　装岩机具有哪些？

3-8　翻矸方式有哪些？

3-9　简述竖井掘进排水与治水方法。

3-10　凿井设备有哪些？

3-11　竖井延深方案有哪些，简述其施工过程。

4 斜 井 施 工

斜井是矿山的主要井巷之一。斜井与竖井一样，按用途分为：主斜井，专门提升矿石；副斜井，提升矸石、升降人员和器材；混合井，兼主、副井功能；风井，通风和兼作安全出口。

斜井按提升容器又可分为胶带运输机斜井、箕斗提升斜井和串车提升斜井。各种提升方式所能适应的斜井倾角按表 4-1 选取。

斜井倾角是斜井的一个主要参数，在斜井全长范围内应保持不变，否则会给提升或运输带来不利影响。不但设计时应如此，施工时尤应力求做到坡度基本不变。

表 4-1 斜井倾角范围

提升方式	井筒倾角
串 车	最好 15°～20°，最大不超过 25°
箕 斗	一般取为 20°～30°，个别情况可大于 35°
胶带运输机	一般不大于 17°，个别情况可达到 18°

斜井上接地面工业广场，下连各开拓水平巷道，是矿井生产的咽喉。斜井可分为井口结构、井身结构和井底结构三部分。

4.1 斜井井筒断面布置

斜井井筒断面形状和支护形式的选择与平巷基本相同，但斜井是矿井的主要出口，服务年限长，因此斜井断面形状多采用拱形断面，用混凝土支护或喷锚支护。

斜井井筒断面布置系指轨道（运输机）、人行道、水沟和管线等的相对位置。井筒断面的布置原则，除与平巷相同之外，还应考虑以下各点：

(1) 井筒内提升设备之间及设备与管路、电缆，侧壁之间的间隙，必须保证提升的安全，同时还应考虑到升降最大设备的可能性。

(2) 有利于生产期间井筒的维护、检修、清扫及人员通行的安全与方便。

(3) 在提升容器发生掉道或跑车时，对井内的各种管线或其他设备的破坏应减到最低限度。

(4) 串车斜井一般为进风井（个别也有作回风井的），井筒断面要满足通风要求。

4.1.1 串车斜井井筒断面布置

通常断面内有轨道、人行道、管路和水沟等。无论单线或双线，人行道、管路和水沟的相对位置分为以下四种方式，如图 4-1 所示。

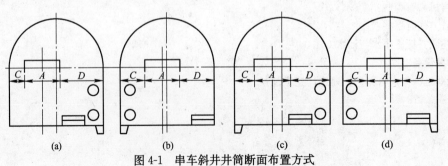

图 4-1 串车斜井井筒断面布置方式

A—矿车宽度；*C*—非人行道侧宽度；*D*—人行道侧宽度

4.1.1.1 管路和水沟布置在人行道一侧

此种布置方式，管路距轨道稍远些，万一发生跑车或掉道事故，管路不易砸坏，而且管路架在水沟上，断面利用较好。缺点是出入躲避硐因管路妨碍，不够安全和方便，如图 4-1a 所示。

4.1.1.2 管路和水沟布置在非人行道一侧

这种情况下管路靠近轨道，容易被跑车或掉道车所砸坏，但出入躲避硐安全方便。如图 4-1b 所示。

4.1.1.3 管路和水沟分开布置，管路设在人行道一侧

这种布置方式与图 4-1a 相似，需加大非人行道侧宽度用以布置水沟，如图 4-1c 所示。

4.1.1.4 管路和水沟分开布置，管路设在非人行道一侧

这种布置方式与图 4-1b 相似，但人行道侧宽度应适当加宽，如图 4-1d 所示。

考虑到可能需要扩大生产和输送大型设备，现场常采用后两种布置方式，其缺点是工程量有所增大。

串车斜井难免可能发生掉道或跑车事故，故设计时应尽量不将管路和电缆设在串车提升的井筒中，尤其是提升频繁的主井，更应避免。近年来，有些矿山利用钻孔将管路和电缆直接引到井下。

当斜井内不设管路时，断面布置与上述基本相似，水沟可布置在任何一侧，但多数设在非人行道侧。

4.1.2 箕斗斜井井筒断面布置

箕斗斜井为出矿通道，一般不设管路（洒水管除外）和电缆，因而断面布置很简单，通常将人行道与水沟设于同侧。《安全规程》规定箕斗斜井井筒禁止进风，故其断面尺寸主要以箕斗的合理布置（尺寸）为主要依据。斜井箕斗规格如表 4-2 所示。

表 4-2 金属矿斜井箕斗规格

箕斗容积 /m³	最大载重 /kg	外形尺寸/mm			适用倾角 /(°)	最大牵引力 /kN	轨距 /mm	卸载方式	自重 /kg
		长	宽	高					
1.5	3190	4525	1714	1280	20		900	前卸	1840
2.5		3968	1406	1280	30~35	65.7	1100	后卸	2900
3.5	6000	3870	1040	1400	20~40	73.5	1200	后卸	4050
3.74	7050	6130	1550	1740			1200	前卸	3200

4.1.3 胶带机斜井井筒断面布置

在胶带机斜井中，为便于检修胶带机及井内其他设施，井筒内除设胶带机外，还设有人行道和检修道。按照胶带机、人行道和检修道的相对位置，其断面布置有三种方式（图 4-2）。

我国当前多采用如图 4-2a 所示的形式，它的优点是检修胶带机和轨道、装卸设备以及清

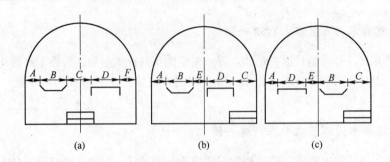

图 4-2　胶带机斜井井筒断面布置形式

(a) 人行道在中部；(b) 检修道在中部；(c) 胶带机在中部

A、F—提升设备至井帮的距离；B—胶带机宽度；C—人行道宽度；

D—矿车宽度；E—人行道在边侧时两提升设备的间距

扫撒矿都较方便。

4.1.4　斜井断面尺寸确定

斜井断面尺寸主要根据井筒提升设备、管路和水沟的布置，以及通风等需要来确定。

(1) 非人行道侧提升设备与支架之间的间隙应不小于 300mm，如将水沟和管路设在非人行道侧，其宽度还要相应增加。

(2) 双钩串车提升时，两设备之间的间隙不应小于 300mm。

(3) 人行道的宽度不小于 700mm，同时应修筑躲避硐。如果管路设在人行道侧，要相应增大其宽度。

(4) 运输物料的斜井兼主要人行道时，人行道的有效宽度不小于 1.2m，人行道的垂直高度不小于 1.8m，车道与人行道之间应设置坚固的隔墙。

(5) 提人车的斜井井筒中，在上下人车停车处应设置站台。站台宽度不小于 1.0m，长度不小于一组人车总长的 1.5～2.5 倍。

(6) 提升设备的宽度，应按设备最大宽度考虑，故设人车的井筒，应按人车宽度决定。

在斜井井筒断面布置形式及上述尺寸确定后，就可以按平巷断面尺寸确定的方法来确定斜井断面尺寸。

4.2　斜井井筒内部设施

根据斜井井筒用途和生产的要求，通常在井筒内设有轨道、水沟、人行道、躲避硐、管路和电缆等。由于斜井具有一定的倾角，因而无论轨道、人行道、水沟等的敷设均与平巷有别。

4.2.1　水沟

斜井水沟坡度与斜井倾角相同，断面尺寸参照平巷水沟断面尺寸选取。通常它比平巷水沟断面小得多，但水沟内水流速度很大，因此斜井水沟一般都用混凝土浇灌。若服务年限很短，围岩较好，井筒基本无涌水，也可不设水沟。

斜井水沟除有纵向水沟外，在含水层下方、胶带机斜井的接头硐室下方以及井底车场与井筒连接处附近，应设横向水沟。总之斜井整个底板不允许作为矿井排水的通道，相反，斜井中的水应逐段截住，引往矿井排水系统内。

4.2.2 人行道

斜井人行道与平巷不同，通常按斜井倾角大小的需要，设置人行台阶与扶手。台阶踏步尺寸可按表 4-3 选取。一般在倾角 30°左右时，需要设置扶手。扶手材料常用钢管或塑料管制作，位置应选在人行道一侧，距斜井井帮 80～100mm，距轨道道碴面垂高 900mm 左右处。

有的斜井井筒利用水沟盖板作为人行台阶，既可使井筒断面布置紧凑，减少井筒工程量，又节省材料。利用水沟盖板作台阶

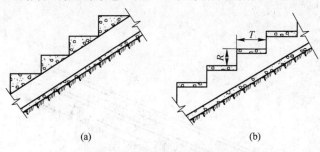

图 4-3 斜井行人台阶示意图

(a) 预制台阶斜盖板；(b) 预制台阶平盖板

有两种方式，如图 4-3 所示。图 4-3a 所示的方式施工简单，台阶稳定，效果较好，但混凝土消耗量多；图 4-3b 所示的方式混凝土消耗量较少，但施工较复杂，预制盖板易活动。

表 4-3 斜井台阶尺寸

台 阶 尺 寸	斜 井 坡 度/ (°)			
	16	20	25	30
台阶高度/mm	120	140	160	180
台阶宽度/mm	420	385	340	310
台阶横向长度/mm	600	600	600	600

4.2.3 躲避硐

在串车或箕斗提升时，按规定井内不准行人。但在生产实践中，又必须有检修人员插空（提升间隙）检查、维修。为保证检修人员安全，又不影响生产，只好在斜井井筒内每隔一段距离设置躲避硐。

一般躲避硐间隔距离为 30～50m，硐室的规格可采用宽 1.0～1.5m，高 1.6～1.8m，深 1.0～1.2m，位置设于人行道一侧，以便人员出入方便。

4.2.4 管路和电缆敷设

电缆和管路通常设计在副斜井井筒内，主要原因是检修方便；副井比主井提升频率低，安全因素相对要高，对生产影响要小。电缆和管路的敷设要求与平巷相同。

当斜井倾角小、长度大时，为节省电缆和管路，有的矿井采用垂直钻孔直接送至井下。这时应对地面厂房、管线等相应地做出全面规划。

4.2.5 轨道铺设

斜井轨道铺设的突出特点是要考虑防滑措施。这是因为矿车或箕斗运行时，迫使轨道沿倾斜方向产生很大的下滑力，其大小与提升速度、提升量、道床结构、线路质量、底板岩石性质、井内涌水和斜井倾角等密切相关，其中主要因素是斜井倾角。通常当倾角大于 20°时，轨道必须采取防滑措施，其实质是设法将钢轨固定在斜井底板上。最常见的是每隔 30～50m，在井筒底板上设一混凝土防滑底梁，或用其他方式的固定装置将轨道固定，以达到防滑目的，如

图 4-4 至图 4-7 所示。

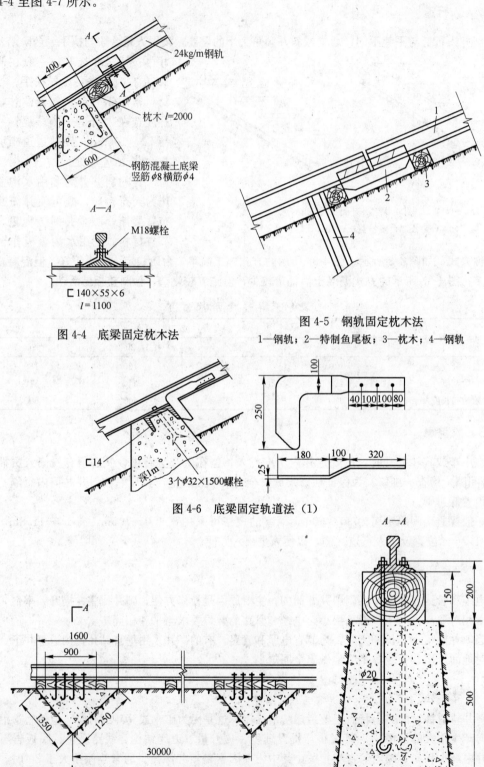

图 4-4　底梁固定枕木法

图 4-5　钢轨固定枕木法
1—钢轨；2—特制鱼尾板；3—枕木；4—钢轨

图 4-6　底梁固定轨道法（1）

图 4-7　底梁固定轨道法（2）

4.3 斜井掘砌

斜井井筒是倾斜巷道，其施工方法，当倾角较小时与平巷掘砌基本相同，倾角在45°以上时又与竖井掘砌相类似。本节重点仅叙述斜井井筒的施工特点。

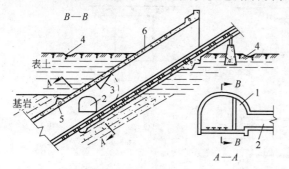

图 4-8 斜井井颈结构
1—人行间；2—安全通道；3—防火门；
4—排水沟；5—壁座；6—井壁

4.3.1 斜井井颈施工

斜井井颈是指地面出口处井壁需加厚的一段井筒，由加厚井壁与壁座组成，如图 4-8 所示。

在表土（冲积层）中的斜井井颈，从井口至基岩层内 3～5m 应采用耐火材料支护并露出地面，井口标高应高出当地最高洪水位 1.0m 以上，井颈内应设坚固的金属防火门或防爆门以及人员的安全出口通道。通常安全出口通道也兼作管路、电缆、通风道或暖风道。

在井口周围应修筑排水沟，防止地面水流入井筒。为了使工作人员、机械设备不受气候影响，在井颈上可建井棚、走廊和井楼。通常井口建筑物与构筑物的基础不要与井颈相连。

井颈的施工方法根据斜井井筒的倾角、地形和岩层的赋存情况而定。

4.3.1.1 在山岳地带施工

当斜井井口位于山岳地带的坚硬岩层中，有天然的山冈及崖头可以利用时，此时只需进行一些简单的场地整理后即可进行井颈的掘进。在这种情况下，井颈施工比较简单，井口前的露天工程最小。

在山岳地带开凿斜井（图4-9），斜井的门脸必须用混凝土或坚硬石材砌筑，并需在门脸顶部修筑排水沟，以防雨季和汛期山洪水涌入井筒内，影响施工，危害安全。

4.3.1.2 在平坦地带施工

当斜井井口位于较平坦地带时，此时表土层较厚，稳定性较差，顶板不易维护。为了安全施工和保证掘砌质量，井颈施工时需要挖井口坑，待永久支护砌筑完成后

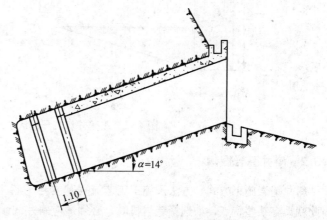

图 4-9 山岳地带斜井井颈

再将表土回填夯实。井口坑形状和尺寸的选择合理与否，对保证施工安全及减少土方工程量有着直接的影响。

井口坑几何形状及尺寸主要取决于表土的稳定程度及斜井倾角。斜井倾角越小，井筒穿过表土段距离越大，则所需井口坑土方量越多；反之越小。同时还要根据表土层的涌水量和地下

水位及施工速度等因素综合确定。直壁井口坑（图 4-10），用于表土层薄或表土层虽厚但土层稳定的情况；斜壁井口坑（图 4-11）用于表土不稳定的情况。

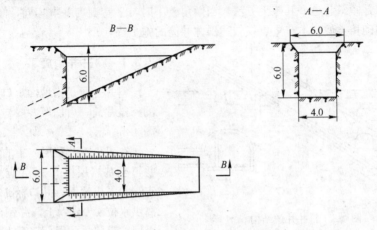

图 4-10　直壁井口坑开挖法示意图

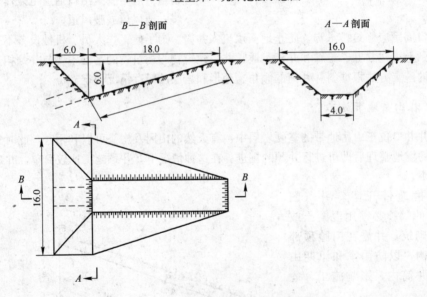

图 4-11　斜壁井口坑开挖法示意图

4.3.2　斜井基岩掘砌

斜井基岩施工方式、方法及施工工艺流程基本与平巷相同，但由于斜井具有一定的倾角，因此就具有某些特点，如选择装岩机时，必须适应斜井的倾角；采用轨道运输，必须设有提升设备，以及提升设备运行过程中的防止跑车安全设施；因向下掘进，工作面常常积水，必须设有排水设备等。此外，当斜井（或下山）的倾角大于 45° 时，其施工特点与竖井施工方法相近似。

4.3.2.1　装岩工作

斜井施工中装岩工序约占掘进循环时间 60%～70%。如要提高斜井掘进速度，装载机械化势在必行。推广使用耙斗装岩机，是迅速实现斜井施工机械化的有效途径。耙斗装岩机在工作面的布置如图 4-12 所示。

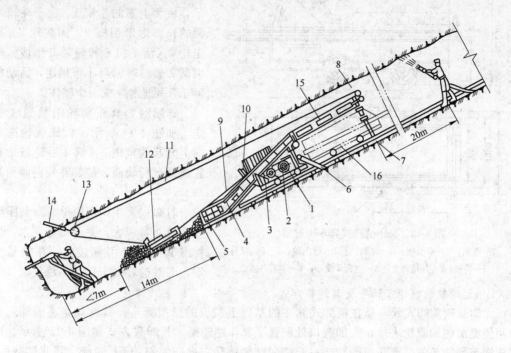

图 4-12 耙斗机在斜井工作面布置示意图

1—绞车绳筒；2—大轴轴承；3—操纵连杆；4—升降丝杆；5—进矸导向门；6—大卡道器；
7—托梁支撑；8—后导绳轮；9—主绳（重载）；10—照明灯；11—副绳（轻载）；12—耙斗；
13—导向轮；14—铁楔；15—溜槽；16—箕斗

我国斜井施工，通常只布置一台耙斗机。当井筒断面很大，掘进宽度超过 4m 时，可采用两台耙斗机，其簸箕口应前后错开布置。

耙斗装岩机具有装岩效率高，结构简单，加工制造容易，便于维修等优点。但它仍有许多缺点，需进一步完善和提高。

正装侧卸式铲斗装岩机，与一般后卸式铲斗装岩机相比，其卸载高度适中，卸载距离短，装岩效率高，动力消耗少。

4.3.2.2 提升工作

斜井掘进提升对斜井掘进速度有重要影响。根据井筒的斜长、断面和倾角大小选择提升容器。我国一般采用矿车或箕斗提升方式的较多。箕斗与矿车比较，前者具有装载高度低，提升连接装置安全可靠，卸载迅速方便等优点。尤其是使用大容量（如 4t）箕斗，可有效地增加提升量，配合机械装岩，更能提高出岩效率。

当井筒浅，提升距离在 200m 以内时，可采用矿车提升，以简化井口的临时设施。斜井掘进时的矿车提升，常为单车或双车提升。

我国在斜井施工中常把耙斗机与箕斗提升配套使用。箕斗有三种类型：前卸式、无卸载轮前卸式、后卸式等。

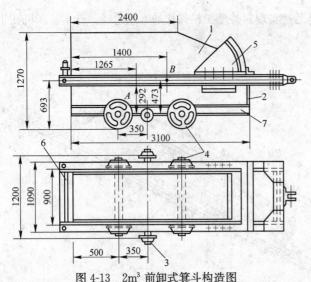

图 4-13　2m³ 前卸式箕斗构造图

1—斗箱；2—牵引框；3—卸载轮；4—行走轮；5—活动门；
6—转轴；7—斗箱底盘；A—空箕斗重心；B—重箕斗重心

A　前卸式箕斗及其卸载方式

前卸式箕斗的构造，如图 4-13 所示，由无上盖的斗箱 1、位于斗箱两侧的长方形牵引框 2、卸载轮 3、行走轮 4、活动门 5 和转轴 6 组成。牵引框 2 通过转轴与斗箱相连，活动门 5 与牵引框铆接成一个整体。

卸载时，箕斗前轮沿轨道 1 行走，如图 4-14 所示，而卸载轮进入向上翘起的宽轨 2，箕斗后轮被抬起脱离原运行轨面，使箕斗箱前倾而卸载。

前卸式箕斗构造简单，卸载距离短，箕斗容积大，并可提升泥水。但标准箕斗的牵引框较大，斗箱易变形，卸载时容易卡住和不稳定。

B　无卸载轮前卸式箕斗及其卸载方式

无卸载轮前卸式箕斗是在前卸式箕斗的基础上制成的新型箕斗，其特点是将前卸式箕斗两侧突出的卸载轮去掉，在卸载口处配置了箕斗翻转架，其卸载方式如图 4-15 所示。当箕斗提至翻转架时，箕斗与翻转架一起绕回转轴旋转，向前倾斜约 51°卸载。箕斗卸载后，与翻转架一起靠自重复位，然后箕斗离开翻转架，退入正常运行轨道。两者相比，由于去掉了卸载轮，可以避免运行中发生碰撞管线和设备与人员事故，扩大了箕斗的有效装载宽度，提高了断面利用率，提高了卸载速度（每次仅 7～11s）。缺点是，箕斗提升过卷距离较短，仅 500mm 左右，所以除要求司机有熟练的操作技术外，绞车要有可靠的行程指示装置，或者在导轨上设置过卷开关。

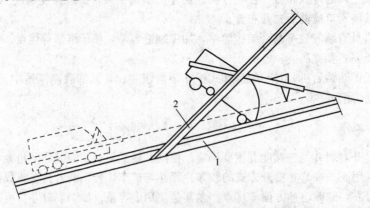

图 4-14　前卸式箕斗卸载示意图
1—标准轨；2—宽轨

斜井提升容器、钢丝绳、绞车的选择基本上与竖井相同，所区别的是多一个提升倾角，这里不再叙述。

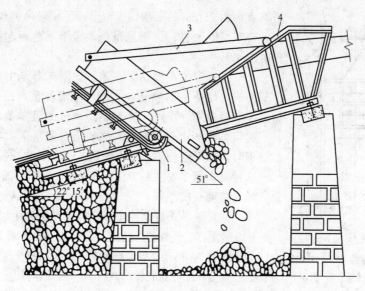

图 4-15 无卸载轮前卸式箕斗卸载示意图
1—翻转架；2—箕斗；3—牵引框架；4—导向架

4.3.2.3 斜井中安全设施

斜井施工时，提升容器上下频繁运行，一旦发生跑车事故，不仅会损坏设备，影响正常施工，而且会造成人身安全事故。为此必须针对造成跑车的原因，采取行之有效的措施，以便确保安全施工。

A 井口预防跑车安全措施

（1）由于提升钢丝绳不断磨损、锈蚀，使钢丝绳断面面积减少，在长期变荷载作用下，会产生疲劳破坏；由于操作或急刹车造成冲击荷载，可能酿成断绳跑车事故。为此要严格按规定使用钢丝绳，经常上油防锈，地滚安设齐全，建立定期检查制度。

（2）钢丝绳连接卡滑脱或轨道铺设质量差，串车之间插销不合格，运行中因车辆颠簸等都可能造成脱钩跑车事故。为此，应该使用符合要求的插销，提高铺轨质量，采用绳套连接。

（3）由于井口挂钩工疏忽，忘记挂钩或挂钩不合格而发生跑车事故。为此，斜井井口应设逆止阻车器或安全挡车板等挡车装置。逆止阻车器加工简单，使用可靠，但需人工操作。逆止阻车器工作如图4-16所示。这种阻车器设于井口，矿车只能单方向上提，只有用脚踩下踏板后才可向下行驶。

B 井内阻挡已跑车的安全措施

（1）钢丝绳挡车帘。在斜井工作面上方 20~40m 处设可移动式挡车器，它是以两根 150mm 的钢管为立柱，用钢丝绳与

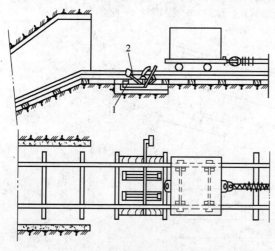

图 4-16 井口逆止阻车器
1—阻车位置；2—通车位置

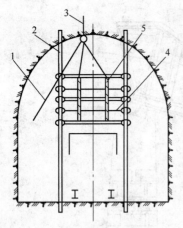

图 4-17　钢丝绳挡车帘

1—悬吊绳；2—立柱；3—锚杆式吊环；

4—钢丝绳编网；5—圆钢

直径为 25mm 的圆钢编成帘形，手拉悬吊钢丝绳将帘上提，矿车可以通过；放松悬吊绳，帘子下落而起挡车作用，如图 4-17 所示。

（2）常闭式型钢阻车器。该阻车器是由重型钢轨焊接而成，如图 4-18 所示，它的一端有配重，另一端通过钢绳经滑轮上提。当提升矿车需要通过此阻车器时，用人工拉起阻车器，让矿车通过，之后借自重落下；当矿车发生跑车时，即可阻止矿车一直冲到工作面，防止撞伤工作人员。这种阻车器多安在距工作面 5m 处，当工作面推进 10～15m 时又移动一次。

（3）悬吊式自动挡车器。常设置在斜井井筒中部，如图 4-19 所示。它是在斜井断面上部安装一根横梁 7，其上固定一个小框架 3，框架上设有摆动杆 1。摆动杆平时下垂到轨道中心位置上，距巷道底板约 900mm，提升容器通过时能与摆动杆相碰，碰撞长度约 100～200mm。当提升容器正常运行时，碰撞摆动杆 1 后，摆动幅度不大，触不到框架上横杆 2；一旦发生跑车事故，脱钩的提升容器碰撞摆动杆后，可将通过 8 号铁丝 4 和挡车钢轨 6 相连的横杆 2 打开，8 号铁丝失去拉力，挡车钢轨一端迅速落下，起到防止跑车的作用。

无论哪种安全挡车器，平时都要经常检修、维护，定期试验是否有效。只有这样，一旦发生跑车才能确实发挥它们的保安作用。

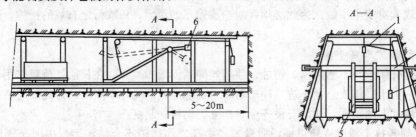

图 4-18　常闭式型钢阻车器

1—滑轮；2—可伸缩横梁；3—平衡锤；4—立柱；5—挡车器；6—配重

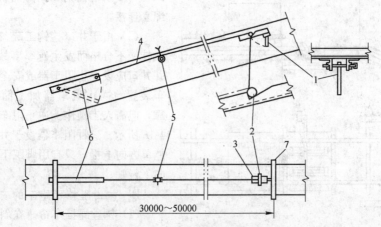

图 4-19　悬吊式自动挡车器

1—摆动杆；2—横杆；3—固定小框架；4—8 号铁丝；5—导向滑轮；6—挡车钢轨；7—横梁

上述几种安全挡车装置，按其作用来说，或为预防提升容器跑入井内，或为阻挡已跑入井内的提升容器继续闯入工作面，因此它们都是必需的，防患于未然的，但更主要的是应该千方百计不使矿车或箕斗发生跑车事故。所以在组织斜井施工时，首先要严格操作规程，严禁违章作业，提高安全责任感，加强对设备、钢丝绳及挂钩等连接装置的维护检修，避免跑车事故的发生，以确保斜井的安全施工。

4.3.2.4 斜井排水

斜井掘进时，工作面在下方，当井筒中有涌水时，多集中到工作面。工作面有了水就会严重地影响凿岩爆破和装岩工作，使井筒的掘进速度显著下降。因此，必须针对水的来源和大小，采取不同的治理措施：

（1）避。井筒位置的选择要尽可能避开含水层。

（2）防。为了防止地表水流入或渗入井筒，设计时必须使井口标高高于最大洪水位，并在井口周围挖掘环形排水沟，及时排水。

（3）堵。在过含水层时，可以采取工作面预注浆；如发现已砌壁渗水时，可以采用壁后注浆封堵涌水。

（4）截。当剩余水量沿顶板或两帮流下时，应在底板每隔 10～15m 挖一道横向水沟，将水截住，引入纵向水沟中，汇集井底排出。

（5）排。工作面的积水需要根据水量的大小采取不同的排水方式。

1）提升容器配合潜水泵排水。当工作面水量小于 $5m^3/h$ 时，利用风动潜水泵将水排到提升容器内，随岩石一起排出井外。

2）水力喷射泵排水。当工作面水量超过 $5m^3/h$ 时，可以采用喷射泵做中间转水工具，减少卧泵移动次数。图 4-20 所示为喷射泵排水时的工作面布置图。

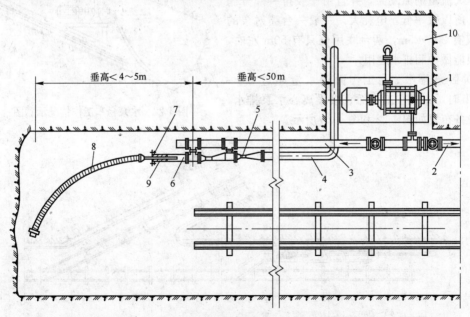

图 4-20　喷射泵排水工作面布置图
1—原动泵兼水仓排水泵；2—主排水管；3—高压排水管；4—喷射泵排水管；5—双喷嘴喷射泵；
6—伸缩管；7—伸缩管法兰盘；8—吸水软管；9—填料；10—水仓

　　喷射泵由喷嘴、混合室、吸入室，扩散室、高压供水管和排水管组成。

　　喷射泵的工作原理是：由原动泵供给的高压水（喷射泵的能量来源）进入喷射泵的喷嘴，形成高速射流进入混合室，带走空气形成真空，工作面积水即可借助压力差沿吸水管流入混合室中。于是吸入水和高压水流充分混合进行能量交换，经扩散器使动能变为驱动力，混合水便可经排水管排到一定高度的水仓中，如图 4-21 所示。

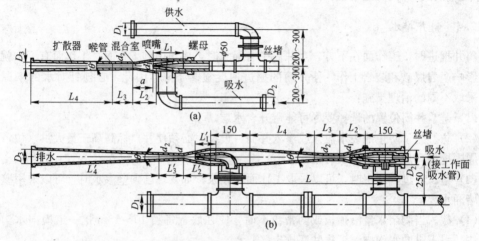

图 4-21　喷射泵构造图

（a）单嘴喷射泵；（b）双嘴喷射泵

　　喷射泵本身无运转部件，工作可靠，构造简单，体积小，制作安装及更换方便，又可以排泥砂积水，所以现场采用较多。它的缺点是需要高扬程、大流量的原动泵，并且由于吸排一部分循环水，所以效率低，电耗大，一般一台喷射泵的扬程仅有 20～25m，两台联用也只有 50m 左右，所以只能做中间排水之用。

　　3）卧泵排水。当工作面涌水量超过 20～30m³/h 时，则需在工作面直接设离心水泵排水。排水设备布置如图 4-22 和图 4-23 所示。

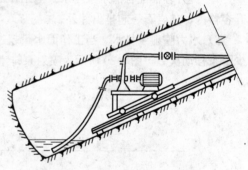

图 4-22　水泵台车工作情况示意图

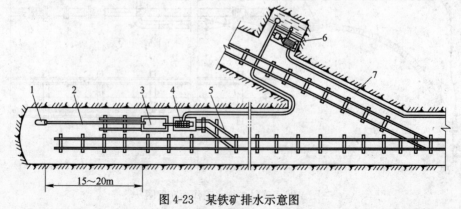

图 4-23　某铁矿排水示意图

1—JBQ-2-10 潜水泵；2—排水管；3—矿车代用水箱；4—80D12X9 卧泵及台车；5—浮放道岔；
6—+165 中段固定泵站；7—排水管

4.3.2.5 斜井支护

斜井支护施工在井筒倾角大于 45°时，与竖井基本相同；当倾角小于 45°时与平巷基本相同。但因斜井有一定的倾角，要注意支护结构的稳定性。常用斜井永久支护有现浇混凝土和喷射混凝土两种，料石支护已不多见。

4.3.3 斜井快速施工实例

某矿主斜井快速施工，是我国大断面斜井机械化设备配套和施工技术工艺配套的典型实例。

(1) 工程概况。该斜井为改扩建工程之胶带输送机斜井，设计断面为半圆拱形，锚喷支护，净断面为 12.34m²，掘进断面为 15.05m²，坡度 16°，斜长 960m。围岩以粗砂岩、中细砂岩为主，$f=6\sim10$，涌水量为 $5\sim10m^3/h$。

(2) 机械化作业线及配套设备。采用多台气腿式凿岩机凿岩，8m³ 箕斗提矸，40m³ 装配式斗形矸石仓排矸。实现了喷射混凝土远距离管路输料，1991 年 6 月创月成井 376.2m、连续三个月成井 825.5m 的纪录。该矿主斜井施工机械化作业线和设备布置如图 4-24 所示。

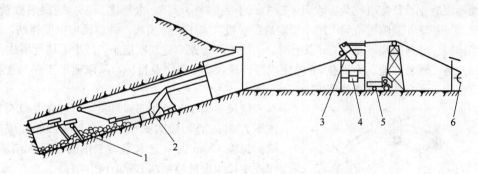

图 4-24 某矿主斜井施工机械化作业线和设备布置示意图
1—YT-28 型凿岩机；2—P120B 型耙斗机；3—XQJ-8 型箕斗；4—ZG-40 型矸石仓；
5—KB212-8 型自卸式汽车；6—ZJK-3/20 型提升机

(3) 施工工艺。施工工艺如下：

1) 钻眼爆破。钻眼采用 YT-28 型气腿式风动凿岩机 4~6 台同时作业，每台约占工作宽度 700~800mm。操作人员执行五定（人、钻、位、眼、时）、两专（安眼、修钻）负责制。

炮眼布置根据岩石性质变化及时调整数量、深度、角度等有关参数。一般炮眼深度取 2m，掏槽方式为楔形另加中心眼。

采用 3 台 JK-3 型激光指向，中、顶部两台交替前移，互相校正，用以划定眼位；帮侧部 1 台控制腰线，便于水沟砌筑。

工作面凿岩与 6m 以外耙斗机装岩、接轨、移机同时进行。每茬炮后先顶板正中部分打锚杆眼 20 个左右，采用 6 台凿岩机，3 台用短钎、3 台用长钎相互交替套打锚杆眼、边打安装锚杆，而后在打炮眼时将拱部两侧锚杆补齐。

采用多组同时装药，约 20~25min 完成。放炮后通风约 10min 左右吹散炮烟。

2) 装岩、提升、排矸。装岩采用 P120B 型耙斗装岩机。该机斗容 1.2m³，其生产率平巷为 120~180m³/h，小于 25°斜井为 70~120m³/h，轨距 500mm，与箕斗轨距一致。工作时，将尾轮挂于距工作面 6m 以外，以便与凿岩平行作业。耙岩最佳距离为 25m 以内，耙斗插入角为 70°。当箕斗运行时，利用间隙时间集中堆矸，工作面平均生产率可达 97m³/h。前移耙斗机时，采用滑轮组将两边死角矸石倒至中部，清底时间仅需 20～30min。尾轮的固定楔距矸石面 800mm 左右，楔孔深度不小于 350mm。

提升采用 XQJ-8 型容积为 8m³ 箕斗，轨距 1500mm，使用 24kg 钢轨，每 15～20m 设一地滚。箕斗体积、长度较大但装满率较低，因此要求装岩司机、信号工、提升机司机紧密配合，4.6min 可装 1 箕斗。井深 500m 时，装提综合能力为 44.5m³/h；井深 900m 时，装提综合能力可达 39.9m³/h。

排矸采用 ZG-40 型矸石仓，其容积为 40m³，与 30m 栈桥为整体结构，设计为钢结构装配式。矸石仓两侧有溜槽和气动闸门，备有 2 台 8t 自卸式汽车排矸石。汽车排矸运距 0.5～1km，能满足箕斗卸载最高能力 8 次/h 的排运要求。

为了满足箕斗卸载快速安全要求，在矸石仓一侧距卸载平台 30m 处，设有 PIH-1200 工业电视，每次卸载仅需 10～20s。

3) 锚喷支护作业。永久支护设计为端锚式树脂锚杆，直径 18mm，长 1800mm，锚固力大于 50kN。其间排距为 800mm×800mm，喷射混凝土厚 120mm。

喷射混凝土设计配合比为：水泥：砂：石子＝1：2：2.5，水灰比 0.38，速凝剂掺量 3%～4%。采用 PZ-5 型喷射机与 LJP-1 型定量配料机，人工操作喷头。井口设集中搅拌站，远距离管路输料。输料距离增至 700m 以上时，采用输料管路中途助吹措施，减少了堵管事故。

（4）施工辅助作业。为了在 3h 内完成循环进尺 2m 的作业目标，采取辅助工序与主要工序平行作业，平行作业率高达 77%。

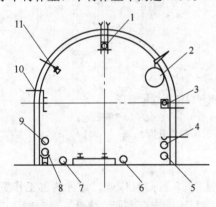

图 4-25　新高山主斜井掘井辅助
装备布置示意图
1—中线激光仪；2—风筒；3—拱基线激光仪；
4—压风管；5—静压打眼水管；6、7—喷射混凝
土输料管；8—排水管；9—洒水管；10—缆线
吊钩；11—信号、照明灯

通风采用 28kW 局部通风机，布置在井口自然风流下方 30m 处，压入式供风，采用 φ800mm 胶质风筒。每隔 100m 设一道水幕，工作面设风水喷雾器，作业中粉尘含量控制在 20mg/m³ 左右。

斜井工作面采用 QOB-15N 型隔膜泵排水，井筒内每 200m 设一临时水仓。

新高山主斜井井内辅助装备的布置如图 4-25 所示。

（5）施工组织。采用一专多能技术层次高的人员机制，全井核定岗位定员 139 人。实行掘进"四六"制、喷混凝土"三八"制多工序平行交叉施工的劳动组织。每天完成掘锚 7.5 个循环，平均日进尺 12.8m 喷混凝土两班作业，一个班负责耙斗机前初喷，另一个班负责复喷成井。其循环作业图表如图 4-26 所示。

（6）建立健全生产安全质量保证体系，实行跟班干部、技术人员、班长三结合，严格岗位责任制，加强设备维护管理，井口成立施工临时指挥系统，全面协调和及时解决施工、安全、质量等全面问题。

在斜井施工中应用工业电视，栈桥卸载由提升机房监视，井下耙矸由调度室监视，保证施工作业情况及时反馈井口指挥组人员。

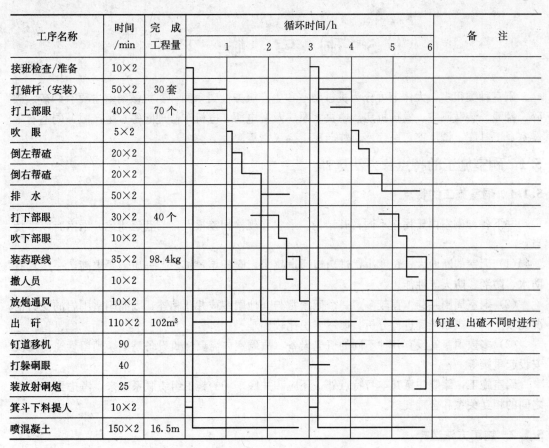

工序名称	时间/min	完成工程量	循环时间/h						备　注
			1	2	3	4	5	6	
接班检查/准备	10×2								
打锚杆（安装）	50×2	30套							
打上部眼	40×2	70个							
吹　眼	5×2								
倒左帮碴	20×2								
倒右帮碴	20×2								
排　水	50×2								
打下部眼	30×2	40个							
吹下部眼	10×2								
装药联线	35×2	98.4kg							
撤人员	10×2								
放炮通风	10×2								
出　矸	110×2	102m³							钉道、出碴不同时进行
钉道移机	90								
打躲碉眼	40								
装放射碉炮	25								
箕斗下料提人	10×2								
喷混凝土	150×2	16.5m							

图4-26　某矿主斜井施工循环作业图表

复习思考题

4-1　斜井掘进的提升设备有几种，井筒断面如何布置？

4-2　斜井掘井中设的"躲避硐"的作用是什么，如何设置？

4-3　斜井轨道为什么出现下滑动，应采取何种防滑措施，并绘图说明。

4-4　在斜井提升中易发生跑车事故，绘图说明有哪几种防止跑车措施。

4-5　由于岩层含水，斜井掘进中工作面总有积水，应采取什么排水措施？

4-6　简述斜井井颈的施工方法。

4-7　简述斜井掘进中的装岩、提升、卸载的设备工作原理。

5 硐 室 施 工

硐室种类很多，大体上可分为机械硐室和生产服务性硐室两种。机械硐室主要有卸矿、破碎、翻笼、装载硐室、卷扬机房、中央水泵房及变电所、电机车修理间等；生产服务硐室有等候室、工具库、调度室、医疗室、炸药库、会议室等。

5.1 硐室施工的特点及方法选择

5.1.1 硐室施工的特点

井下各种硐室由于用途不同，其结构、形状和规格相差很大，与巷道相比，硐室有以下特点：

(1) 硐室的断面大、长度小，进出口通道狭窄，服务年限长，工程质量要求高，一般具有防水、防潮、防火等性能。

(2) 硐室周围井巷工程较多，一个硐室常与其他硐室或井巷相连，因而硐室围岩的受力情况比较复杂，难以准确进行分析，硐室支护比较困难。

(3) 多数硐室安设有各种不同的机电设备，故硐室内需要浇筑设备基础，预留管缆沟槽及安设起重梁等。

硐室施工，除应注意其本身特点外，还应和井底车场的施工组织联系起来，考虑到各工程之间的相互关系和合理安排。

5.1.2 施工方法选择

根据硐室围岩的稳定程度和断面大小，施工方法主要分为四种，即全断面施工法、台阶工作面施工法、导硐施工法和留矿法等。

(1) 对围岩稳定及整体性好的岩层，硐室高度在 5m 以下时，如水泵房变电所等，可以采用全断面施工法施工。

(2) 在稳定和比较稳定的岩层中，当用全断面一次掘进围岩难以维护，或硐室高度很大，施工不方便时，可选择台阶工作面法施工。

(3) 地质条件复杂，岩层软弱或断面过大的硐室，为了保证施工安全，或解决出矸问题往往采用导硐法施工。

(4) 围岩整体性好，无较大裂隙和断层的大型硐室，可以选择留矿法施工。

5.2 硐室的施工方法

5.2.1 全断面法

全断面施工法和普通巷道施工法基本相同。由于硐室的长度一般不大，进出口通道狭窄，不宜采用大型设备，基本上用巷道掘进常用的施工设备。如果硐室较高，钻上部炮眼就必须登硒作业，装药连线必须用梯子，因此全断面一次掘进高度一般不超过 4~5m。这种方法的优点是利于一次成硐，工序简单，劳动效率高，施工速度快；缺点是顶板围岩暴露面积大，维护较难，浮石处理及装药不方便等。

5.2.2　台阶工作面法

由于硐室的高度较大不便于操作，可将硐室分成两层分层施工，形成台阶工作面。上分层工作面超前施工的，称为正台阶工作面施工法；下分层工作面超前施工的，称为倒台阶工作面施工法。

5.2.2.1　正台阶工作面施工法

一般可将整个断面分为两个分层，每个分层都是一个工作面，分层高度以 1.8～2.5m 为宜，最大不超过 3m，上分层的超前距离一般为 2～3m。

先掘上部工作面，使工作面超前而出现正台阶。爆破后先进行上分层工作面的出碴工作，然后上下分层同时打眼，如图 5-1 所示。

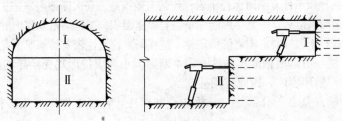

图 5-1　正台阶工作面开挖示意图

下分层开挖时，由于工作面具有两个自由面，因此炮眼布置成水平或垂直方向均可。拱部锚杆可随上分层的开挖及时安设，喷射混凝土可视具体情况，分段或一次按照先拱后墙的顺序完成。砌碴工作可以有两种方法：一种是在距下分层工作面 1.5～2.5m 处用先墙后拱法砌筑；另一种方法是先拱后墙，即随上分层掘进把拱帽先砌好，下分层随掘随砌墙，使墙紧跟迎头。

这种方法的优点是断面呈台阶形布置，施工方便，有利于顶板维护，下台阶爆破效率高。缺点是使用铲斗装岩机时，上台阶要人工扒碴，劳动强度大，且上下台阶工序配合要好，不然易产生干扰。

5.2.2.2　倒台阶工作面施工法

采用这种方法时，下部工作面超前于上部工作面，如图 5-2 所示。施工时先开挖下分层，上分层的凿岩、装药、连线工作借助于临时台架。为了减少搭设台架的麻烦，一般采取先拉底后挑顶的方法进行。

采用喷锚支护时，支护工作可以与上分层的开挖同时进行，随后再进行墙部的喷锚支护。采用砌筑混凝土支护时，下分层工作面超前 4～6m，高度为设计的墙高，随着下分层的掘进先

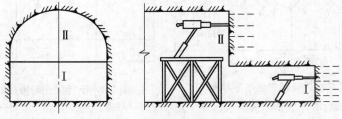

图 5-2　倒台阶工作面开挖示意图

砌墙，上分层随挑顶随砌筑拱顶。下分层掘后的临时支护，视岩石情况可用锚喷、木材或金属棚式支架等。

这种方法的优点是：不必人工扒岩，爆破条件好，施工效率高，砌碹时拱和墙接茬质量好。缺点是挑顶工作较困难。

这两种方法应用广泛，其中先拱后墙的正台阶施工法在较松软的岩层中也能安全施工。

5.2.3　导坑施工法

借助辅助巷道开挖大断面硐室的方法称为导坑法（导硐法）。这是一种不受岩石条件限制的通用硐室掘进法。它的实质是，首先沿硐室轴线方向掘进 1～2 条小断面巷道，然后再行挑顶、扩帮或拉底，将硐室扩大到设计断面。其中首先掘进的小断面巷道，叫做导坑（导硐），其断面为 4～8m^2。它除为挑顶、扩帮或拉底提供自由面外，还兼作通风、行人和运输之用。开挖导坑还可进一步查明硐室范围内的地质情况。

导坑施工法是在地质条件复杂时保持围岩稳定的有效措施。在大断面硐室施工时，为了保持围岩稳定，通常可采用两项措施：一是尽可能缩小围岩暴露面积；二是硐室暴露出的断面要及时进行支护。导坑施工法有利于保持硐室围岩的稳定性，这在硐室稳定性较差的情况下尤为重要。

采用导坑施工法，可以根据地质条件、硐室断面大小和支护形式变换导坑的布置方式和开挖顺序，灵活性大，适用性广，因此应用甚广。

导坑法施工的缺点是由于分部施工，故与全断面法，台阶工作面施工法相比，施工效率低。

5.2.3.1　中央下导坑施工法

导坑位于硐室的中部并沿底板掘进。通常导坑沿硐室的全长一次掘出。导坑断面的规格按单线巷道考虑并以满足机械装岩为准。当导坑掘至预定位置后，再行开帮、挑顶，并完成永久支护工作。

当硐室采用喷锚支护时，可用中央下导坑先挑顶后开帮的顺序施工，如图 5-3 所示。挑顶的矸石可用人工或装岩机装出；挑顶后随即安装拱部锚杆和喷射混凝土，然后开帮喷墙部混凝土。

为了获得平整的轮廓面，挑顶、开帮扩大断面时，拱部和墙部均需预留光面层。根据围岩情况，开帮工作可以在拱顶支护全部完成后一次进行，亦可错开一定距离平行进行。

砌筑混凝土支护的硐室，适用中央下导坑先开帮后挑顶的顺序施工，如图 5-4 所示。在开帮的同时完成砌墙工作，挑顶后砌拱。

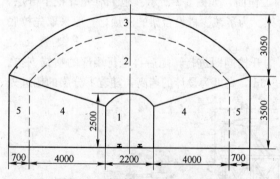

图 5-3　某矿提升机硐室采用下导硐
先拱后墙的开挖顺序图
1—下导硐；2—挑顶；3—拱部光面层；4—扩帮；5—墙部光面层

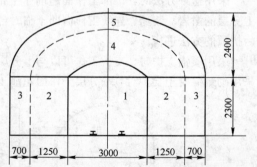

图 5-4　下导坑先墙后拱的开挖顺序图
1—下导坑；2—扩帮；3—墙部光面层；
4—拱部；5—拱部光面层

中央下导坑施工法一般适用于跨度为 4~5m、围岩稳定性较差的硐室，但如果采用先拱后墙施工时，适用范围可以适当加大。这种方法的主要优点是顶板易于维护，工作比较安全，易于保持围岩的稳定性，但施工速度慢、效率低。

5.2.3.2 两侧导坑施工法

在松软、不稳定岩层中，当硐室跨度较大时，为了保证施工安全，一般都采用这种施工方法。在硐室两侧紧靠墙的位置沿底板开凿两条小导坑，一般宽为 1.8~2.0m，高为 2m 左右。导坑随掘随砌墙，然后再掘上一层导坑并接墙，直至拱基线为止。第一次导坑将矸石出净，第二次导坑的矸石崩落在下层导坑里代替脚手架。当墙全部砌完后就开始挑顶砌拱。挑顶由两侧向中央前进，拱部爆破时将大部分矸石直接崩落到两侧导坑中，有利于采用机械出岩，如图 5-5 所示。

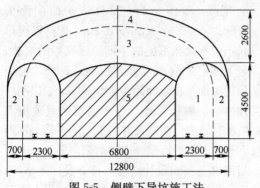

图 5-5 侧壁下导坑施工法

1—两侧下导坑；2—墙部光面层；3—挑顶；
4—拱部光面层；5—中心岩柱

拱部可用喷锚支护或砌混凝土，喷锚的顺序视顶板情况而定。拱部施工完后，再掘中间岩柱。这种施工方法在软岩中应用较广。

5.2.3.3 上下导坑施工法

上下导坑法原是开挖大断面隧道的施工方法，近年来随着光爆喷锚技术的应用，扩大了它的使用范围，在金属矿山高大硐室的施工中得到推广使用。

某矿地下粗破碎硐室掘进断面尺寸为 31.4m×14.15m×11.8m（长×宽×高），断面面积为 154.9m² 。该硐室在施工中采用了上下导坑施工法，如图 5-6 所示。

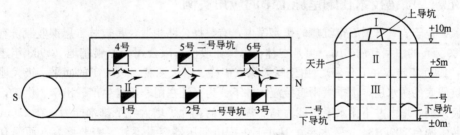

图 5-6 硐室开挖顺序及天井导坑布置

Ⅰ~Ⅲ—开挖顺序；1 号~6 号—天井编号

这种施工方法适用于中等稳定和稳定性较差的岩层，围岩不允许暴露时间过长或暴露面积过大的开挖跨度大、墙很高的大硐室，如地下破碎机硐室、大型提升机硐室等。

5.2.4 留矿法

留矿法是金属矿山采矿方法的一种。用留矿法采矿时，在采场中将矿石放出后剩下的矿房就相当于一个大硐室。因此，在金属矿山，当岩体稳定，硬度在中等以上（$f>8$），整体性好，无较大裂隙、断层的大断面硐室，可以采用浅眼留矿法施工，其施工方法如图 5-7 所示。

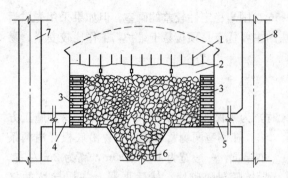

图 5-7　某矿粗碎硐室采用留矿法施工示意图

1—上向炮孔；2—作业空间；3—顺路天井；4—主井联络
道；5—副井联络道；6—下部储矿仓；7—主井；8—副井

采用留矿法施工破碎硐室时，为解决行人、运输、通风等问题，应先掘出装载硐室、下部储矿仓和井筒与硐室的联络道。然后从联络道进入硐室，并以拉底方式沿硐室底板按全宽拉开上掘用的底槽，其高度为 1.8～2.0m。以后用上向凿岩机分层向上开凿，眼深 1.5～1.8m，炮眼间距为 0.8m×0.6m 或 1.0m×0.8m，掏槽以楔形长条状布置在每层的中间。爆破后的岩碴，经下部贮矿仓通过漏斗放出一部分，但仍保持碴面与顶板间距为 1.8～2.0m，以利继续凿岩、爆破作业，直至掘至硐室顶板为止。为了避免漏斗的堵塞，应控制爆破块度，大块应及时处理。顺路天井用于上下人员、材料并用于通风。使用留矿法开挖硐室的掘进顺序是自下而上，但进行喷锚支护的顺序则是自上而下先拱后墙，凿岩和喷射工作均以碴堆为工作台。当硐室上掘到设计高度，符合设计规格后，用碴堆作工作台进行拱部的喷锚支护。在拱顶支护后，利用分层降低碴堆面的形式，自上而下逐层进行边墙的喷锚支护。这样随着边墙支护的完成，硐室中的岩碴也就通过漏斗放完。如果边墙不需要支护，硐室中的岩碴便可一次放出，但在放碴过程中需将四周边墙的松石处理干净，以保证安全。

留矿法开挖硐室的主要优点是：工艺简单，辅助工程量小，作业面宽敞，可布置多台凿岩机同时作业，工效高。我国金属矿山利用此法施工大型硐室已取得了成功的经验，但该法受到地质条件的限制，岩层不稳定时不宜使用。同时，要求底部最好有漏斗装车的条件，比如粗碎硐室的下部贮矿仓。因此此法应用不如导坑法广泛。

5.3　光爆、喷锚技术在硐室施工中的应用实例

富家矿位于吉林省磐石市红旗岭镇富家屯，有磐桦公路相通，是吉林吉恩镍业股份有限公司年产 20 万 t 的中型有色矿山，更是吉林吉恩镍业股份有限公司的原料基地（1963 年建矿露天开采，1990 年转入井下开采）。由于露天保安矿柱、露天两翼、边坡矿的回采，极大地破坏了露天坑假底的防水层，雨季大雨直接灌入井下。为保证在雨季正常生产、出矿、供矿，使富家矿稳渡汛期，增大井下排水系统能力是非常重要的。为了增大井下排水能力，在 130m 中段水仓安装了两台 200D43×6 型水泵。但井下主配电变压器容量不够，需要增容。而原有主配电硐室的规格远远不能满足安全技术规程要求的空间，需要重新开凿一个新的大型配电硐室。

（1）地质概况。硐室选择在岩体下盘主运输巷道的下盘侧，岩体为黑云母片麻岩夹薄层状或扁豆状花岗质片麻岩、角闪岩及大理岩。按基性-超基性岩体类型划分，岩体属于斜方辉岩型。主要岩相为斜方辉岩（局部强烈次闪石化为蚀变辉岩）和少量苏长岩，斜方辉岩占岩体总体积的 96%，苏长岩多分布在岩体边部与围岩呈构造破碎接触，岩石硬度 $f=4\sim6$。这样的岩石极易风化潮解，稳定性差，暴露时间稍长，容易发生冒顶片帮。

（2）硐室施工方案：

1）硐室开凿设计要求。根据机电设备的选型和安全技术要求和井巷掘进的安全技术、设备设施安装的技术要求，以及现场生产实际要求，设计施工硐室断面为 12m×6.4m×6.2m 的大型配电硐室。

2）施工方案选取。硐室的开凿方案有三种：①采用常规的大断面硐室的开凿方法：下导硐掘进，电耙子出渣，Z30 装岩机装渣，混凝土支护。②采用常规的大断面硐室的开凿方法：上导硐掘进，电耙子出渣，Z30 装岩机装渣，混凝土支护。③ 采用特殊的大断面硐室的开凿方法：上中心导硐掘进，超前锚喷支护，电耙子出渣，Z30 装岩机装渣。根据地质条件和实际情况，最后采用第三种方案。

（3）硐室施工。硐室施工采用光面爆破，尽量减少爆破对围岩的影响，有利于提高围岩的稳定性；先在顶部中心，上掘规格为 2.2m×3.2m（高×宽）的导硐，爆破后立即喷拱，其厚度不小于 50mm，喷好拱再出渣，完成临时支护。为了不使爆破震坏临时支护，喷完临时支护后到下次放炮的时间不小于 4h，此期间进行打超前锚杆。然后进行第二次循环，在进行第二次循环时，打眼爆破之后喷拱、出渣；在前一循环的临时支护处，即在顶板打锚杆挂网进行喷锚网联合永久支护，厚度不能小于 150mm；之后，进行第三次循环。如此下去，中心到位后再进行一侧施工，喷拱、出渣、喷墙，在顶板及一侧墙打锚杆挂网进行喷锚网联合永久支护；一侧到位后，另一侧从头按此方案再施工。拱部及上部墙全部施工完毕后，再进行抬底（一次抬底高不超过 2m）、出渣、帮素喷，然后帮打锚杆挂网喷浆成型，如图 5-8 所示。

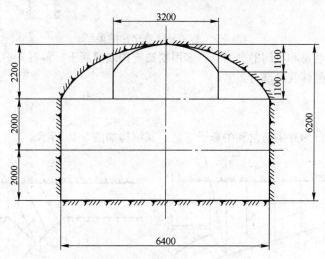

图 5-8 采用上导硐开挖硐室示意图

掘进时每炮打眼深度及每炮进尺不能超过 1.2m，掘进素喷后，打超前锚杆。锚杆向前倾斜 65°～70°，锚杆间距为 600mm×600mm，锚杆长 2000mm，作超前支架，以防止顶板冒落。锚杆由 ϕ16mm 螺纹钢制作，水泥锚杆固定，钢筋网格为 200mm×200mm，钢筋直径为 8mm 的盘圆。安全地通过了破碎带，圆满地完成了施工任务。

（4）技术、经济分析。优点：与常规施工方法比较，安全可靠，施工速度快；缺点：与常规施工方法比较，工作组织复杂，成本高。

5.4 硐岔施工

5.4.1 概述

井下巷道相交或分岔部分，称为巷道交岔点，如图 5-9 所示。

按支护方式不同，交岔点可分为简易交岔点和砌碹交岔点。前者长度短，跨度小，可直接用木棚或料石墙配合钢梁支护，多用于围岩条件好，服务年限短的采区巷道或小型矿井中。井

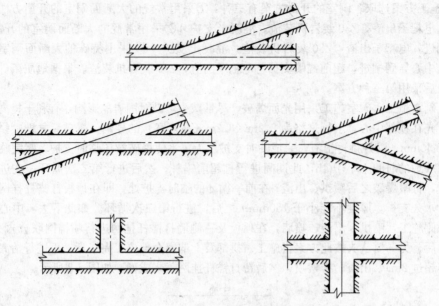

图 5-9　巷道分岔或交岔的类型

底车场、主要运输巷道和石门的交岔点，多用喷锚支护或混凝土、料石支护。硐岔是指井下巷道相交或分岔点的整体支护部分。

5.4.2　硐岔类型

硐岔按其结构分为穿尖硐岔和牛鼻子硐岔，其结构如图 5-10 所示。

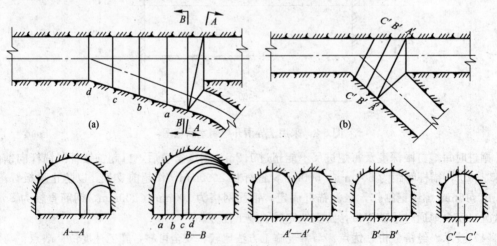

图 5-10　牛鼻子硐岔和穿尖硐岔
(a) 牛鼻子硐岔；(b) 穿尖硐岔

5.4.2.1　穿尖硐岔

穿尖硐岔的优点是长度短、拱部低，故工程量小，施工简单，通风阻力小，但其承载能力低，多适用于坚硬稳定的岩层，其最大宽度不超过 5m。

5.4.2.2 牛鼻子碹岔

牛鼻子碹岔应用最广，可适用于各类岩层和各种规模的巷道，特别是在井底车场和主要运输巷道中用得较多。牛鼻子碹岔按照碹岔内线路数目、运输方向及选用道岔类型不同，可归纳为以下三类，如图 5-11 所示。

(1) 单开碹岔，如图 5-11a 所示，有单线单开和双线单开两种碹岔。

(2) 对称碹岔，如图 5-11b 所示，有单线对称和双线对称两种碹岔。

(3) 分支碹岔，如图 5-11c 所示，有单侧分支和双侧分支两种碹岔。

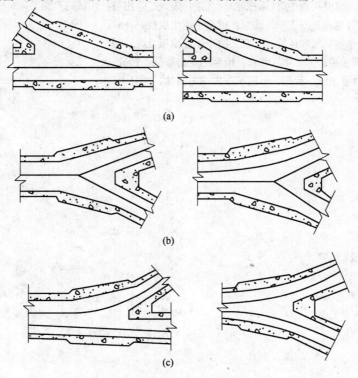

图 5-11 碹岔型式

(a) 单开碹岔；(b) 对称碹岔；(c) 分支碹岔

上述三种类型，其共同点是从分岔起，断面逐渐扩大，在最大断面上，即两条分岔巷道的中间常常要砌筑碹垛（也叫牛鼻子）以增强支护能力。而不同点是单开碹岔和对称碹岔的轨道线路用道岔连接，而分支碹岔内则没有道岔，故确定平面尺寸的方法也不相同。

复习思考题

5-1 绘图说明硐室掘进的正阶梯工作面的施工方法。

5-2 绘图说明硐室掘进的反阶梯工作面的施工方法。

5-3 绘图说明导硐法掘进的施工方法。

5-4 绘图说明留矿法掘进的施工方法。

5-5 简述碹岔的定义、特点和种类。

参 考 文 献

1　井巷掘进编写组编. 井巷掘进(第一分册). 北京：冶金工业出版社，1975

2　井巷掘进编写组编. 井巷掘进(第三分册). 北京：冶金工业出版社，1976

3　唐民成主编. 井巷掘进与支护. 北京：冶金工业出版社，1982

4　吴理云主编. 井巷硐室工程. 北京：冶金工业出版社，1985

5　沈季良等编著. 建井工程手册(第二卷). 北京：煤炭工业出版社，1986

6　井巷掘进编写组编. 井巷掘进(第二分册修订版). 北京：冶金工业出版社，1986

7　沈季良等编著. 建井工程手册(第三卷). 北京：煤炭工业出版社，1986

8　唐民成主编. 井巷掘进与支护. 北京：冶金工业出版社，1987

9　朱嘉安主编. 采掘机械和运输. 北京：冶金工业出版社，1990

10　王青、史维祥主编. 采矿学. 北京：冶金工业出版社，2001

11　刘刚主编. 井巷工程. 徐州：中国矿业大学出版社，2005

冶金工业出版社部分图书推荐

书　名	作　者	定价(元)
中国冶金百科全书·选矿卷	本书编委会　编	140.00
中国冶金百科全书·采矿卷	本书编委会　编	180.00
现代金属矿床开采科学技术	古德生　等著	260.00
金属及矿产品深加工	戴永年　等著	118.00
采矿学(本科教材)	王　青　主编	39.80
矿井通风与除尘(本科教材)	浑宝炬　等编	25.00
安全原理(第2版,本科教材)	陈宝智　编著	20.00
系统安全评价与预测(本科教材)	陈宝智　编著	20.00
矿山环境工程(本科教材)	韦冠俊　主编	22.00
矿业经济学(本科教材)	李祥仪　等编	15.00
碎矿与磨矿(第2版,本科教材)	段希祥　主编	30.00
选矿厂设计(本科教材)	冯守本　主编	36.00
选矿概论(本科教材)	张　强　主编	12.00
工艺矿物学(第3版,本科教材)	周乐光　主编	45.00
矿石学基础(第3版,本科教材)	周乐光　主编	43.00
矿山企业管理(高职教材)	陈国山　主编	28.00
采矿概论(通用教材)	陈国山　主编	26.00
露天矿边际品位最优化的经济分析	谢英亮　著	16.00
可持续发展的环境压力指标及其应用	顾晓薇　等著	18.00
固体矿产资源技术政策研究	陈晓红　等编	40.00
矿床无废开采的规划与评价	彭怀生　等著	14.50
矿物资源与西部大开发	朱旺喜　主编	38.00
冶金矿山地质技术管理手册	中国冶金矿山企业协会　编	58.00
金属矿山尾矿综合利用与资源化	张锦瑞　等编	16.00
矿业权估价理论与方法	刘朝马　著	19.00
矿山事故分析及系统安全管理	山东招金集团有限公司　编	28.00
矿浆电解原理	杨显万　等著	22.00
常用有色金属资源开发与加工	董　英　等编著	88.00
矿山工程设备技术	王荣祥　等编	79.00